优秀男孩
一定要做的100件事

柴一兵　郭　峰◎编著

北京工业大学出版社

图书在版编目（CIP）数据

优秀男孩一定要做的 100 件事 / 柴一兵，郭峰编著. —
北京 ：北京工业大学出版社，2013.4
ISBN 978-7-5639-3440-9

Ⅰ. ①优… Ⅱ. ①柴… ②郭… Ⅲ. ①男性－成功心
理－青年读物 ②男性－成功心理－少年读物 Ⅳ.
①B848.4-49

中国版本图书馆 CIP 数据核字 (2013) 第 038039 号

优秀男孩一定要做的 100 件事

编　　著：柴一兵　郭　峰
责任编辑：陶丽萍
封面设计：尚世视觉
出版发行：北京工业大学出版社
　　　　　　（北京市朝阳区平乐园 100 号　邮编：100124）
　　　　　　010-67391722（传真）　bgdcbs@sina.com
出 版 人：郝　勇
经销单位：全国各地新华书店
承印单位：鸿鹄（唐山）印务有限公司
开　　本：710 毫米 ×1010 毫米　1/16
印　　张：18.5
字　　数：263 千字
版　　次：2013 年 4 月第 1 版
印　　次：2021 年 4 月第 7 次印刷
标准书号：ISBN 978-7-5639-3440-9
定　　价：29.80 元

前　言

　　一位著名的心理学教授说过："人就像是一件陶瓷器，初生的时候是雏形，青少年时期是塑造陶瓷器的最好时机，这期间的教育会影响孩子的一生。"

　　与女孩相比，男孩天生喜欢冒险、贪玩、具有叛逆思想……这些特性注定了男孩在成长过程中要走更多的弯路，遇到更多的烦恼。并且男孩长大成人后所承担的社会责任和生活压力都会很大，这也要求男孩必须对自己要求更严格，只有成为一个更优秀的人才能担负起强大的压力和责任。

　　很多男孩在成长的过程中会被惰性和一些坏习惯包围，反映在学习上就是成绩不理想、学习没有动力、沾染社会上的恶习。男孩好斗、不服输的特征也会对他们的成长造成困扰，喜欢用拳头说话、遇到挫折不轻易向同学求助、容易产生逆反心理等，这些缺点不仅会影响男孩的成绩，更会影响男孩未来的一生。所以，男孩更要努力让自己成为一个优秀的人，在生活，在学习上都是。

　　成功离不开奠基石，优秀的人才能离成功更近。这本《优秀男孩一定要做的 100 件事》以生活和学习中的细节为切入点，讲述做一名优秀男孩所需要的心态、习惯、性格、成绩、品质、社交、创造力、生存能力和理财能力等，为男孩们列出了 100 个达到优秀所需的方法和技巧，让每一位男孩的天赋都有施展的空间。

本书注重内容的逻辑性和连贯性，用真实生动的例子，结合国际先进的教育理念，列举出了 100 件成为优秀男孩要做的小事。通过这些细节帮助男孩养成良好的生活、学习习惯，用健康的心态面对人生的挫折，用积极的态度面对生活的烦恼。

目　　录

第一章

好心态男孩应做的 8 件事

　　好的心态能够给你带来好的心情，帮助你快乐地生活。有时候，好心态还会提高你的学习效率、帮你养成良好的性格，让你成为父母眼中的乖乖男，老师眼中的优等生，朋友眼中的 superman（超人）。

第一节　原谅自己偶尔的失败

体操运动员杨威是中国体操队的全能选手，他的体操生涯很辉煌，但也非常坎坷。他经历了很多次世界大赛，有过胜利的喜悦，也体验过失败的痛苦。

2004 年的雅典奥运会杨威遭遇了滑铁卢，他带领着被大家称为体操"梦之队"的中国体操男队前往雅典，肩上担负着中国人民的厚望。当时所有人都盼着这支身经百战的队伍能夺下男团的金牌，但是，赛场上发生的状况让大家很是震惊，队员们的表现都不尽如人意，尽管最后奋力赶超，也仅仅获得了第四名。

男团失败后，杨威的压力非常大，接下来他还要争夺男子体操全能项目的冠军，可是，此时的他已经因团队的失败而深陷痛苦之中，很难振作起来。几番调整之后，他还是决定要奋力一搏。这一次大家又把期望集中到了杨威的身上，他是中国体操队的领头人物，也是大家心目中的全能王。

杨威顶着巨大的压力，稳定地完成了前几项，就在大家为他将要获得冠军而准备欢呼的时候，杨威在单杠上出现了重大的失误，一只手从单杠上滑落下来，身体刹那间失去了控制，尽管他重新调整了心态，但是整套动作依然完成得很吃力，最后以第七名的成绩告别了金牌。

这次失败给杨威的打击很大，他无法原谅自己，甚至产生了退役的念头。后来，在队友和教练的帮助下，他终于从失败的阴影中走出来，决定再一次为奥运而战。

2008 年，杨威又一次带领中国体操男队进入奥运会的赛场，赛场上飘扬的五星红旗让他和队员们激动不已，这一次，他们是作为东道主与其他国家的选手进行角逐，每个人都非常渴望得到金牌，在中国观众的呐喊声中，他们以出色的表现拿下了男团的金牌，而杨威更是以零失误的表演得到了一枚全能金牌。

在生活中，每个人都会经历很多次失败，如果不能从失败中走出来，我们就很难进步，男孩更需要原谅自己的失败，给自己一次改过和强大的机会。原谅失败并不是不思进取，而是为了理智地总结经验教训。当你因为考试不及格而郁郁寡欢时，是很难进入良好的学习状态的，久而久之就会影响你的学习效率，给下一次不及格埋下隐患。

原谅自己的失败除了能帮助你赶走考试不及格的阴影之外，还能够提升你的信心，让你懂得珍惜生活，养成乐观的好心态。

有一位潜艇兵叫罗勃·摩尔，参军之前他在一家税务局工作，表现一直很不好，而每次工作上的失败都让他很有挫败感，他无法原谅自己一次又一次的失误，慢慢地，他越来越不自信，也渐渐厌烦了自己的工作，经常发牢骚，有时还把情绪带到家里，动不动就和妻子吵架，生活一团糟。"二战"爆发了，他加入了海军做一名潜艇兵，有一天早晨，他发现了一支日本舰队正朝着自己的潜艇逼近，为了躲避日本舰队，他操作潜艇紧急下潜，不过，日本海军又接连发射出许多水雷，连续轰炸了12个小时，水雷一颗一颗地在潜艇周围爆炸，他和战友们都感到非常恐惧，潜艇舱里寂静得可怕，曾经灰暗的生活浮现在他的脑海中，他突然意识到，和生命相比，那些小小的失误都不算什么。日军撤退了，他和战友们都安然无恙，战争结束后，他重新回到了税务局，又做起了以前的工作，即使工作中出现了失误他也不再闷闷不乐，而是想办法去解决，渐渐地，他喜欢上了自己的工作，也更加热爱生活。

罗勃·摩尔在生死存亡的关键时刻想起了自己过去的失败，他明白了失败并不是不可原谅的，所以他给了自己一次原谅失败的机会，改变了自己的命运。如果你还一直深陷在失败的痛苦中无法自拔的话，那就给自己一个心理暗示，"我是为了下一次的成功而原谅自己的"。因为失败是成功之母，接受失败才会迎来成功。

成长有方法

1. 经常鼓励自己，失败是成功之母，从心理上消除失败带来的挫败感。

2. 积极总结失败的原因，为自己找到改正错误的方法，并付诸实践。

3. 把自己一次战胜失败的经历写在日记中，时常看一看，激励自己不断进步。

4. 实在无法原谅自己的时候寻求亲友和老师的帮助，借助大家的力量一起克服困难，这样会感觉轻松许多。

第二节　发怒时提醒自己：冲动是魔鬼

贞观六年，唐朝已经很繁荣了，很多大臣都奏请唐太宗去泰山举行"封禅大典"，唐太宗一想，如今九州安定，周边的少数民族也已经臣服，国内风调雨顺，百姓安居乐业，举行一次"封禅大典"也未尝不可，于是心有所动，就计划着要去泰山宣扬自己的伟绩。

有一天，他在朝堂上提起这件事，大臣们都很赞成，唯独魏征极力反对，而且态度恶劣，让唐太宗在百官面前下不来台。唐太宗顿时大怒，吩咐侍卫把魏征拖出朝堂，打入大牢。官员们见皇帝生气了，一个个低头耸肩的，没有人再敢说话了，只有魏征挣扎着要求把话说完。

唐太宗毕竟是个明君，而且很器重魏征，自他当上皇帝以来，多次采纳魏征的意见，而且收效很好，他仔细想了想，也怕犯错，便令侍卫放开魏征，问："你还有什么可说的？"

魏征大声说道："陛下一旦举行大典，必定是规模浩大，从这里到泰山有好几百里路，一路上的花销少说也有几万银两，而今河南、山东人烟稀少，萧条得很，倘若遇上洪涝干旱，朝廷拿什么去赈灾？赈灾的粮食如果不能及时发放，百姓就会揭竿而起，陛下难道忘记了隋炀帝是怎么葬送河山的吗？"

唐太宗一听，心下细细地盘算，也觉得得不偿失，便慢慢消了怒火，赦免了魏征，岔开这个话题。

没过多久，河南、河北地区真的发生了水灾，唐太宗暗暗庆幸，还好当初没有一怒之下杀了魏征，遂决定取消封禅。

遇到不顺心的事时，有的男孩总是克制不住自己，经常发脾气，做出一些让自己后悔的事，此时，你一定要提醒自己：冲动是魔鬼。

生气的时候适当克制一下自己的情绪是有好处的，最起码不会和朋友伤了和气。与朋友闹矛盾之后，倘若你没有克制自己的情绪，不小心伤害了朋友的话，那这份友谊就很难再维持了。相反，如果你一笑了之，不但挽回了友谊，还会让朋友觉得你很大度。和亲人之间也是一样，适当克制自己的怒气有益于家庭的和睦。

西汉时有一位宰相叫陈平，小时候家里贫困，父母又去世得早，他和哥哥相依为命。为了光耀门楣，他没有帮助哥哥干活，而是闭门读书，争取将来谋个一官半职的。不过，大嫂对他这种不劳而食的行为很是不满，经常对他恶语相向。有一次，大嫂的话让他忍无可忍，他举起笔砚就要向大嫂砸去，可是，一想到哥哥的辛苦就不由地放下了笔砚，收拾行囊离家出走了。哥哥知道后将他追了回来，还当着他的面要给妻子写休书，陈平赶紧劝住，自此一家人过得和和美美的。

此外，生气会伤害五脏和大脑，对健康非常不利，很多经常生气的人都容易失眠、头疼等，因此，克制自己的怒气也是有益于身体健康的。人在发怒的时候很容易失去理智，所以，克制一下你的怒气有助于理智地思考，对解决问题更有帮助。

学会克制怒气不是简单的事情，除了时常提醒自己不要动怒以外，还要想办法让自己养成不易动怒的好习惯，比如下下棋、练练书法、听听轻音乐等，培养一些比较安静的爱好，慢慢养成好脾气。

克制怒气并不是不能生气，而是要适当地让自己少动怒。生气是难免的，有时候还需要宣泄一下，关键是不要让生气给自己带来不好的影响。

成长有方法

1. 学习古人，把"制怒"挂在自己卧室的墙上，提醒自己不要轻易发怒。

2. 发怒的时候要管好自己的手和脚，不要让它们失去控制。

3. 面对他人的不友好时试着笑一笑，给自己一个拥有好心情的机会，也帮助别人克制一下怒气。

4. 怒火冲天的时候强迫自己转移一下注意力，岔开让自己生气的话题。

5. 平时养养花、练练书法、下下棋，培养自己的好脾气。

第三节　早上起来对自己说，我很快乐

闹钟响了，乔尼迅速按下闹铃，极不情愿地睁开眼睛，一想起还要上学他就头疼，因为昨天的作业他还没有完成呢。

乔尼磨磨蹭蹭地穿好衣服，然后去刷牙、洗脸，妈妈已经做好了美味的早餐等着他，可是，她发现乔尼在卫生间的时间实在是太长了，就说："亲爱的，你应该快一点，否则就要迟到了。"

乔尼无精打采地从卫生间出来，看着妈妈的爱心早餐，勉强挤出笑容说："谢谢妈妈。"

妈妈看强尼的情绪不太好，就笑着说："我在今天的早餐里放了一些快乐剂，快尝尝吧！"

乔尼并没有因此开心起来，他随便吃了几口面包，又喝了半杯牛奶，然后提着书包就要出门。妈妈拉住他，笑着说："亲爱的，说'我很快乐'。"

乔尼觉得很无聊："妈妈，可是我觉得不快乐。"

妈妈摇着他的肩膀，高兴地说："所以我才要你说'我很快乐'啊。"

乔尼虽然不明白妈妈的意思，但在她的要求下，他小声地说了一句："我很快乐。"

妈妈大声说："不对，亲爱的，要大声说出来。"

乔尼只能又提高音量说："我很快乐。"

妈妈依然不满意："乔尼，一个男孩子的声音只有这么小吗，你是不是还可以大点声儿。"

乔尼突然觉得妈妈今天很有趣，便大声说："我很快乐！"

妈妈终于满意了，开心地说："亲爱的，你再多说几遍，妈妈喜欢听你这么说。"

乔尼又大声地说了好几遍，他一下子觉得自己精神了许多，然后热情地拥抱了妈妈，说："谢谢您，我不该垂头丧气地开始我的一天。"

妈妈笑着说："是的，亲爱的。也许还有什么事正困扰着你，但是，不要让它毁了你一整天的快乐。"

乔尼背上书包上学去了，他骑着单车，一边哼着歌一边欣赏路上的风景，他发现花丛里的蔷薇已经开了，火红的颜色，非常耀眼，几只蝴蝶正在花丛里飞来飞去，乔尼突然意识到让自己快乐是多么重要，在一个开心的人眼里，一切普通的事物都会变得美好起来。这时，他不再为还没有完成的作业而苦恼，心想，我课间少玩儿一会儿就能把它补上了，没有什么了不起的。

下午回到家里，乔尼对妈妈说："妈妈，我今天过得很开心，以后一定要提醒我。"妈妈笑着问："提醒你什么?"

乔尼笑道："我很快乐啊。"

乔尼一开始并不开心，但是，当他不断地告诉自己"我很快乐"以后，他发现自己的心情突然变好了，烦心事已经变得无关紧要，一整天都过得很有滋味。所以，不论你昨天遇到了多少困难，早上醒来的时候都要告诉自己"我很快乐"。

告诉自己"我很快乐"虽然只是一种简单的心理暗示，但是，它却能够帮助你摆脱昨天的烦恼，把精神都投入今天，让你的今天过得充实而有意义。

"我很快乐"也是在提醒你要做一个快乐的人，而快乐的人是很幸运的，因为快乐的人往往喜欢帮助别人，也有很强的交友欲望，当你去帮助别人或者结交新朋友的时候，幸运就会悄悄地来到你身边。

有一个年轻人，大学刚毕业，正在发愁找工作的事。一天，他要去面试，因为早餐吃了一个美味的馅饼，所以他的心情特别好。坐公交车的时候，他看见一位老人站在他的座位旁边，心想，"您真走运，给您让个座吧。"于是他主动把座位让给了老人，老人当然对他感激不尽。而这位老人刚好是他要面试的这家公司的老板，因为临时车出了问题，不得已才坐了公交。这位年轻人就这样轻松地得到了一份工作。

快乐还能够给你带来自信和希望。当你快乐的时候，你很少去在意朋友的过错，也不会去回想曾经的失败，而是憧憬着美好的将来，并很乐意为自己的憧憬采取行动。想要成功，除了锲而不舍地拼搏外，还要有一颗快乐的、愿意拼搏的心。

当然，快乐不可能每时每刻都围绕着你，你偶尔还是会觉得无趣和沮丧，这个时候就需要专心地去思考让自己开心的事了。比如别人的一句夸奖，自己获得的小小成就，朋友间开心的话语，父亲奖励你的游戏机等，总之，要努力让自己忘掉现在的不开心，等到有好心情的时候再回过头来分析分析自己为什么不快乐。

成长有方法

1. 以现在的生活为中心，全心全意地过好现在的每一分、每一秒，不要想太多过去的不开心，也不要憧憬太多虚幻的将来。

2. 扩大自己的生活范围，接触新的事物，你会为体验到新鲜的生活而兴奋不已。

3. 结交几个快乐的朋友，让他们带动你快乐起来。

第四节　做自己想做的事，不要活给别人看

古时候，有一个非常勇敢的士兵，每次打仗都表现得很出色，经常立大功，于是将军提拔他做了副将。刚当上副将的时候他很兴奋，每次行军都要走在队伍的后面，高兴地看着这支浩浩

荡荡的大军，体验做将军的威风。

有一次出征，他们将敌人打得落花流水，还带回来一支被俘虏的军队。敌人看到他走在队伍的后面就笑话说："看啊，他哪里是一个将军，分明就像一个放牛的老汉。"

副将听了以后，觉得他的话有几分道理，一个副将怎么能像放牛的人一样跟在后面呢，于是就骑马走到了队伍的中间，以为这样就比较得体了。可是，敌人又嘲笑道："还是个将军呢，躲到队伍里做什么，是害羞呢，还是害怕呢？"

士兵们听了都忍不住笑起来，他觉得很没有面子，心想，副将的确不应该躲在士兵的队伍里，便快速跑到队伍的前面，走在将军的身后，心想，"看你还有什么可说的。"敌人看见后骂道："不过就是个副将，还跑到队伍前面要威风，真是不知羞耻！"

副将一听，马上红了脸，他勒住缰绳，骑在马背上原地不动，不知道该往哪里走。走在前面的将军回过头说："你想怎么走就怎么走，何必那么在意别人的看法呢？"副将仔细琢磨了一下将军的话，忽然觉得自己还是比较喜欢走在后面，因为他可以看到整个军队的气势，然后飞马向军队的后面跑去，任敌人怎么说也不理睬，高兴地跟着自己的队伍前行。

这个副将就是因为没有坚持自我，太在意别人的看法了，才会让自己陷入尴尬的局面，其实，每个人的生命都是有限的，不要总是活在别人的眼里，一定要知道自己到底想要什么，想做什么，坚持本心才不会被世俗左右。而且，做自己想做的才能够真正实现自己的价值，让自己体会到成功的喜悦。

东晋时期的诗人陶渊明就是一个坚持本心的人，在大家都追名逐利的时候，他毅然放弃了仕途，选择归隐田园，守着几亩薄田和几间茅屋过自己的恬淡日子，虽然很多人都嘲笑他胸无大志，但是，他很清楚，他不喜欢钩心斗角的官场，甘愿做一个日出而作、日落而息的农夫。他闲暇时就弹几段琴、读几本书、喝几杯酒，做一个逍遥自在的诗人。

如果他没有坚守本心、做自己想做的事，那么后人就无法看到他流传下来的优秀诗篇了。

活给自己看，不要太在意别人的看法，这样你的生活压力就会减小，精神上也比较自由。

当然，不活给别人看不代表就不听取别人的意见，尤其是男孩，性格大多比较冲动、执拗，不听劝的话也许会误入歧途。有人说，"森林中有一个分岔口，我愿意选择脚印少的那一条路，这样我的一生会截然不同"，这是鼓励年轻人要有自己的想法，走自己的路，但是，你应该选择一条正确的道路，或者当你发现前面是沼泽地的时候千万不要再往前走，而是另外开辟一条比较安全的路。

成长有方法

1. 不和别人攀比，不要随便羡慕别人所拥有的，想一想自己需要什么。

2. 选择适合自己的、喜欢的道路，不必太在意别人的看法。

3. 对待他人的评价或者意见，正确的就要接受，而不正确的大可以不去理会。

4. 奖励一下自己的小成就，给自己继续走下去的信心。

第五节　有压力的时候运动一下

王校长已经在县城一中任职十年了，如今五十多岁的他看起来依然很有活力，而且面色红润，身体强健。很多人都向他请教

永葆青春的秘方，他笑着说："没事的时候运动一下比什么都强。"

其实，王校长的工作压力很大，同事们经常看见他一边吃饭一边看文件，有时还要接待一些难缠的家长，每天闲暇的时间并不多，除了睡觉以外，基本上没有什么剩余的时间，同事们都不知道他是什么时候运动的。

有一次，就在学生们上晚自习的时候，王校长一个人偷偷溜到操场上去跑步。李主任正好有事去找他商量，一进办公室，发现屋子里一片漆黑，他很纳闷，平时王校长都是等到学生们上完晚自习才走的。可是他手里的事又比较急，需要校长亲自解决，没办法，他只能拨通王校长的手机，向他反映情况，谁知王校长在电话里说："老李啊，跑步到操场来，我就在这儿呢！"李主任来到操场上，看见王校长一个人在跑步，他迎了上去，问："刚才您不是还和副局长谈事情吗，怎么这么快就到操场来了？"王校长笑道："你不知道，副局长和我谈了一个下午，搞得我头都晕了，他刚一走我就溜到这儿来了，运动一下，让头脑清醒清醒，否则等会儿怎么处理手头上的事啊？"李主任笑道："您还真有精神，要是我啊，就躺下来睡一会儿，何必自己受累。"王校长说："出点汗才好，能把心里的不痛快都排出来。"李主任这才明白，为什么每办完一件棘手的事王校长都会消失一会儿，原来是去"出汗"了。

还有一次，一位家长来学校"找茬"，王校长憋着一肚子气，却又不得不对这位家长好言相劝，直到把他送走。家长刚一走，王校长就拉着几个体育老师去操场打球，球打完后，他一边擦汗一边笑着说："还好打了一场球，不然这一天都不痛快，那个家长，真是太难缠了！"老师们听了都笑起来。

校长的工作压力的确不小，但学生的学习也是很辛苦的，书本越来越厚，作业越来越多，好不容易放个假还要去参加自己不喜欢的培训班，真

13

是压力山大。如果不适当地缓解一下,压力就会越积越多,等到你无法承受的时候就会厌学,甚至厌恶生活。

缓解压力的办法有很多,最简单的就是运动,有运动天赋的男孩一定会喜欢这种解压方式。适当的运动能够缓解压力、消除疲劳,从而提高你的学习效率。上了一天的课,你的脑细胞一直在高速运动,肯定会很疲惫,如果这时候各科老师再留一些家庭作业,那你一定感觉身上背着一座大山,整个人被压得喘不过气来。别担心,放学以后去运动一下,打打篮球、玩玩乒乓球,让大脑的压力得到缓解,从而改善大脑的疲劳,对完成作业和复习功课也有很大的帮助。

运动不但能够缓解学习和生活上的压力,还可以让人心情愉悦,保持平和的心态。运动还可以锻炼身体,增强体质。现在大多数学生都把注意力放在了学习上,很少运动,一下课就趴在桌子上睡觉,时间一长,身体素质就下降了,免疫力变低,一到冬天就容易感冒,所以一定要有适当的运动。适当的运动能够增强你的免疫力,还你一个男孩应该有的好体质。

运动解压的效果的确不错,但是,要注意选择一些活动量比较小的运动,千万不可在压力大时急于运动,否则会适得其反。生活中可以选择散步、慢跑、游泳等,在学校里可以参加集体的运动,比如排球、篮球等,不但能够缓解学习压力,还能体会到和同学们合作的快乐,增强自己的斗志。

运动的时间不要太长,控制在十五分钟左右,否则就会消耗太多的体力,使身体感到疲惫,那上课的时候一定会昏昏欲睡,影响你的学习质量。

成长有方法

1. 压力大的时候选择活动量小的有氧运动，既简单又解压。

2. 无论是跑步、散步、打球还是游泳，一定要选择适合自己的，选择自己喜欢的，这样才会既解压又开心。

3. 给自己制订一个运动计划，每周运动两三次，长期坚持，养成经常运动的好习惯。

4. 换一个运动环境也许会对解压起到更好的作用，如果你经常在室内运动，那就可以选择到公园里跑跑步，感觉会更轻松。

第六节　面对挫折，说一句 "没什么大不了"

1997年，亚洲爆发了金融危机，许多国家都被卷进了这场经济大风暴之中，泰国的经济更是受到了重创，泰铢迅速贬值，很多企业都破了产，施利华的公司也在这次危机中倒下了。

当他不得不宣告公司倒闭的时候，虽然心中也很不舍，但是，他没有因此一蹶不振，而是打起精神来，对自己说："没什么大不了的，我可以开始新的生活了！"从此，他抛开了老总的身份，骑着车子穿梭在大街小巷里，给订餐的客户送外卖。

一次送外卖的时候，有个客人认出了他，惊讶地问："您是施利华先生吗？怎么会亲自送外卖呢？"施利华笑了笑，回答道："我没有钱雇用员工啊，只能自己动手了。"客人被他的乐观打动了，鼓励他说："您有这么好的心态，一定还会东山再起的。"施利华笑道："谢谢您的祝福，我一定会努力的。"

其实，不是每一个客户都会这么友好，有的客人认出他后不但不会为他祝福，反而会嘲笑他的失败，一次，有个客人接过外卖后说："哟，大老板还亲自送外卖啊，破产的滋味不好受吧。"施利华淡淡地一笑，说："其实也没什么大不了的，重新再来吧。"客人觉得他是在硬撑面子，也不理睬他，"砰"的一声把门关上了。

受到这样的嘲弄，施利华的心中确实不好受，不过，他没有因此而气愤，反而在想，"这份工作真是不容易，不但要顶风冒雨的，还要受客户的歧视，一般人哪能坚持下来啊！"从此，他对这些跑在一线的工作人员特别敬重。

靠着这份乐观的态度和不怕吃苦的精神，几年后，施利华重振旗鼓，又一次回到了商界，慢慢地，公司的规模比以前扩大了好几倍，解决了很多人的就业问题。

任何人都会遇到挫折，但面对挫折的时候大家的做法都不一样，有的人会选择逃避，有的人会在失败的深渊里一蹶不振，而有的人却泰然地接受。其实，当挫折来临的时候，你想躲也躲不过去，与其在痛苦中挣扎，倒不如像施利华一样泰然地说一句"没什么大不了"，以轻松的心态去接受它。作为男孩就需要有一颗强大的内心，而想要让自己强大又必须经历许多次挫折的考验，如果不能接受现实，就无法克服困难、变得强大。

以轻松的心态面对挫折能够重振你的信心，给你带来战胜困难的勇气。一场篮球赛输了，你要劝自己，输赢乃兵家常事，重在参与，不要因为一次失败而放弃自己喜欢的篮球运动。这样你才会重新找到自信，努力训练，为下一次比赛的成功做准备。

俗话说，困难像弹簧，你弱它就强，你强它就弱，如果连挑战它的勇气都没有，自然不会战胜它。困难出现的时候，你能够说一声"没什么大不了"就是对自己的鼓励，虽然暂时不一定有什么解决问题的好办法，但是，你已经具备了向它挑战的勇气，有勇气就会有希望。

其实，和紧张、着急相比，轻松、坦然的心境更有助于思考，俗话说"静能生慧"，心情平静了思路就会清晰，想问题也会更透彻，自然就能够找出解决问题的办法。

成长有方法

1. 遇到挫折的时候憧憬一下美好的未来，给自己一点希望，在希望面前，一切挫折都没什么大不了的。

2. 遇到挫折时可以转移注意力，做一些自己喜欢做的事情，调整好心情后再想办法解决。

3. 总结别人战胜困难的经验，选择适合自己的方式解决困难。

第七节　悲伤时唱首歌

王先生的妻子在一次事故中出了意外，受到很大的刺激，精神上时而正常、时而疯癫，给王先生带来很多的麻烦。邻居们都劝他把妻子送到精神病医院去，但是，王先生深爱着他的妻子，一直不肯放弃对妻子的治疗，也不忍心让她和一群有精神疾病的人生活在一起。

王先生的日子虽然苦，但他总是笑盈盈的，上下班总是哼着歌，好像碰着了什么好事。每天夜里，他安抚完情绪激动的妻子后，都会和她到院子里唱歌。邻居们一开始都不明白这是为什么，有人问他："你的日子都过成这样了，还有什么可唱的呢？"他笑笑说："要不然怎么办呢，总比哭好吧，陪她唱唱歌，她就会开心一些，我也会觉得轻松许多。"

他的妻子以前是个音乐老师，钢琴弹得特别好，一直梦想着能去英国留学，成为一名出色的钢琴家。但是，自从出了意外之后，她连工作都丢了，根本就不可能有出国留学的机会。

王先生只是一个普通的中学教师，他的薪水并不高，这几年为了给妻子治病，家里已经没有什么积蓄了，为了让妻子开心一

17

些，他到处借钱，终于给妻子买了一架钢琴。

从此，王先生的家里不但有歌声，还有优美的钢琴曲。他的母亲一直担心他的生活，总是感叹道："你的日子到底要怎么过啊？"王先生总是笑着说："唱着歌就过去了，她弹琴、我唱歌，我们过得很好。"钢琴成了妻子的精神寄托，从此她变得安静多了，不再给邻居们"找麻烦"，王先生上班也不再像以前一样提心吊胆，生活终于正常了。

人人都会遇到悲伤的事，但像王先生经历这样痛苦的却不多，他每天所要承受的压力一般人无法体会，但是，他却能用唱歌这样简单的方式让自己渡过一次次的难关，因此，我们平时遇到的一些小困难也能很容易克服。悲伤的情绪不好克制，不过，你可以采取一些简单的措施来减轻悲痛，比如唱歌、运动等。

当人悲伤的时候，身体内会产生一些有害物质，影响你的健康，所以一定要想办法把悲伤赶走，唱歌就是一个很不错的办法。唱歌的时候，你会进行深呼吸和腹部呼吸，这样就增强了心肺功能，有利于把体内的有害物质排出，既缓和了你悲伤的情绪，又对身体大有好处。

悲伤时要选择唱一些快乐的、节奏感好一点的歌曲，这样的歌曲不但旋律活泼、动听，连歌词也通俗、有趣。唱这样的歌曲，你很容易就能融入欢乐的气氛中，不但暂时的烦恼没有了，连昔日的一些开心事也能被勾起来。如果能找几个朋友陪你一起 K 歌的话，效果会更好。因为除了唱歌以外，你们还会互相开玩笑，更容易让你忘记忧伤。

经常唱歌的人是很有激情的，他们把自己、把生活融入了歌曲之中，在旋律里体会生活中的喜怒哀乐，每一天都精神饱满，对生活充满热情。

成长有方法

1. 找几首欢乐的歌曲来唱，让欢乐的旋律带走你的悲伤。

2. 看几出喜剧，让别人的欢乐来感染你。

3. 去公园里走一走，让大自然的色彩和味道唤起你对美好的回忆、对生活的热爱。

4. 找个朋友倾诉一下，既能释放出自己的痛苦，又能让朋友开导开导你，在减轻悲痛的同时增进了友谊。

第八节　适当地处理青涩的爱情

刚上中学的时候，迈克喜欢上了班里的女孩朱利安，但是他不知道该不该向她表白，整天愁眉不展的，上课也没有精神。

好朋友约翰发现后就问他："迈克，有什么烦心事吗？"

迈克说："我喜欢上了朱利安，可是，该怎么办呢？"

约翰笑道："直接告诉她就是了，为什么要自寻烦恼呢？"

迈克觉得约翰的话有道理，但是，他又不想给朱利安带来烦恼，说："不行，这样会打扰她的。"约翰见他优柔寡断的就没再说话，他决定为朋友做点什么。

第二天，约翰找到朱利安，兴高采烈地说："我的朋友迈克一直很喜欢你，可是他没有勇气向你表白，所以我来帮助他，你能说说你对迈克的看法吗？"

朱利安是个腼腆的女孩，她对约翰的行为很不满，生气地说："我不喜欢迈克，也不喜欢你这么鲁莽。"然后就转身离开了。

约翰意识到自己把事情办砸了，也感到非常抱歉。他找到迈克，向朋友坦白了一切，并请求朋友的原谅。迈克没有因此而埋怨约翰，他说："谢谢你朋友，你也是为了帮助我，这件事还是交给我吧。"

这一天，迈克鼓起勇气找到朱利安，诚恳地说："对不起，我朋友的话影响到你了，他只是不想让我难过，请你不要介意。我确实很喜欢你，但是，你不要因此而觉得烦恼，如果可以的话，我们能成为朋友吗?"

其实朱利安那天回家后很不自在，她向妈妈寻求帮助，本来以为妈妈会极力反对她和男孩交往，但妈妈却笑着说："朱利安原来这么迷人啊，已经有男孩开始追你了，干吗垂头丧气的呢?他只是想和你交个朋友而已，告诉他你们能成为好朋友就是了。"

妈妈的话让朱利安轻松了许多，她突然觉得很愧疚，不该对约翰那么不友好。迈克今天说的话让她很开心，她接受了迈克的友情邀请，也向约翰道了歉，三个人变成了好朋友。

十几岁的你已经进入青春期了，你会慢慢注意到，自己越来越关注班里的女孩，而且还对某个女孩很有好感，你可能以为这就是电视剧里所演的爱情，其实，这是一种成长的信号。

通常来说，这时候的"爱情"最纯洁，不添加任何与情感无关的条件，这虽然看起来很美好，但是，如果处理不当就会很危险。就像亚当和夏娃偷吃禁果一样，本来他们在伊甸园里过着神仙般的生活，但是，因为没有经得起考验，偷吃了禁果，结果萌生了羞耻和罪恶之心，被上帝赶出了伊甸园，从此开始忍受劳累、衰老和病痛。所以，如果"爱情"来了，你一定要理智地对待它，不要被这种朦胧的美丽所迷惑。

当然，你也不要因为自己对女孩产生了"爱意"而感到羞愧，这是一种很正常的心理反应，不需要有太大的压力。有的男孩就不能原谅自己，总是觉得自己犯了什么错误，每天把自己封闭起来，甚至不敢和女生说话，导致性格越来越内向，一直生活在自己的小角落里。

其实，面对青涩的"爱情"，只要敞开心扉，勇敢地接受自己的心理变化，采取理智的方法与女孩接触，不但有利自己的身心健康，还会促进学习、增进和女孩的友谊。

如果"爱情"来了，你不要刻意把它从自己的生活中赶走，更不要故意疏远你喜欢的女孩，你以为忽略可以解决问题，但有时候会适得其反，而且还会对你的性格产生不良影响。但是，也不要不顾一切地把自己的想法都告诉女孩，因为同样处在青春期的她可能会因此而受到很大的困扰。最简单的方式就是把自己的感受写在日记本里，用文字来代替话语，将心中的感情都宣泄出来，既不会把自己憋得喘不过气来，也不会影响女孩的正常生活。

面对"爱情"，你要尽量做到化"爱情"为动力。

有一个十岁的小男孩对母亲说："妈妈，我喜欢班里一个漂亮的女孩，我想要和她结婚。"母亲微笑着说："可以啊，不过你要有漂亮的大房子，有迎娶她的豪华汽车，还要有钻戒和玫瑰花。"小男孩听明白了母亲的话，他知道自己还不能结婚，因为他什么都没有。

所以，你一定要努力学习、壮大自己，不管将来你的妻子是谁，都一定要有能力让她幸福。

成长有方法

1. 把自己的感受写进私人的日记里，适当宣泄自己的情感。

2. 和喜欢的女孩正常交往，把"爱情"转化成友情，不但解决了你的烦恼，还多交了一个好朋友。

3. 化"爱情"为动力，努力学习，让自己变得更优秀。

4. 看几篇解析青少年朦胧爱情的文章，了解一些青春期的情感知识。

第二章

好人缘男孩离不开的 16 招交际 "功夫"

　　相信每个男孩都想成为老师和同学们眼中的 "明星"，但是，有的男孩比较内向，不善言谈，很少和同学们进行交流，大家也因此无法和他建立友情；而有的男孩又过于外向，说话时经常不考虑后果，惹得大家很不高兴。这些情况都不利于男孩在他人面前树立好相处、乐交友的形象，所以，想要变得有好人缘就得学几招交际的 "功夫"，让自己看起来更自信、更有绅士风度。

第一节　给身边的人一点幽默

清朝乾隆时期有一个大才子叫纪晓岚，他从小就很聪明，也是大家的开心果，经常做一些搞怪的事来逗大家笑。

有一次去私塾上学，趁老夫子出去的空当，他把自己打扮成一个老太太，裹着厚棉衣，摇着大蒲扇，还把小辫子挽成一个圆圆的髻，踮起后脚跟，一扭一扭地，在学堂里学起了老太太走路，同窗们看了都笑得前仰后合。

这时正好有个读书人从学堂门口经过，看到他这副打扮就笑话说："你穿冬装摇夏扇，糊涂春秋。"纪晓岚一听，打量了他一番，又听他是南方口音，便回道："你居南方来北地，什么东西。"那个读书人看他是个调皮的小孩子，本想奚落奚落他，不想却被他数落了一番，心中很不是滋味，讪讪地走了。逗得同窗们又是一阵哄笑。

后来，他被乾隆皇帝重用，封为大学士，虽然身为朝廷重臣，却依旧没有改掉爱逗人的老"毛病"，经常和同僚们开玩笑。

有一次上朝，大臣们都在朝堂上候着，皇帝却迟迟不来，纪晓岚觉得无聊，就对大家说："老头子做什么去了，怎么还不来啊？"大臣们一听，都低声笑了。可是，这话恰巧又被皇帝听到了，乾隆很不高兴，责问他："你刚才说什么，谁是老头子？"纪晓岚知道推不过，就说："臣说陛下是老头子。"皇帝听后龙颜大怒，拍着椅子说："你是说朕老了吗？"百官们吓得连忙叩首，大气都不敢出一声，纪晓岚却跟个没事人一样，笑着说："万寿无疆才叫'老'，顶天立地才叫'头'，以天为父、以地为母才叫

'子'，所以，臣称陛下为'老头子'。"皇帝一听，哈哈大笑，说："爱卿真是朕的贤臣啊！"

纪晓岚是个爱讲笑话的人，他总是给身边的人带来快乐，无论是同僚还是身份尊贵的皇帝，都非常喜欢他。因此，如果你想成为大家喜欢接近的人，那就应该学一学纪晓岚，做一个幽默的人。如果你还是个幽默细胞不太丰富的人，那可以多看些笑话，不但能让自己心情愉悦，也能够提高你的幽默感。

一个富有幽默感的人除了说话搞笑外，你还会发现，他非常自信，有智慧，而且思维特别活跃，想问题的方式总是和常人不一样，做出的事情也经常让大家感到意外。所以，幽默也能够刺激你开发大脑，培养你的创造性思维。

幽默是一种处世的智慧，在很多场合都能起到大作用。比如和朋友闹了矛盾，如果你能够讲一个应景的笑话，这种尴尬的局面就会得到缓和。如果你要上台做一个演讲，而演讲的内容又比较枯燥乏味，那么就在开头和中间讲几个轻松的笑话，这样一来，听众就比较容易接受你所讲的内容了。

幽默还能够帮助你化解痛苦。当你陷入痛苦中时，用幽默的方式去分析你所处的境遇，然后你就可以得到一个轻松而又清晰的答案，而且很快你就能找到解决问题的好办法，不会有太大的压力。

有一个年轻人，他刚刚买了一辆摩托车，本来是要骑着回家的，后来想起家里没有酱油，就把摩托车停在了商店门口，等他出来以后，发现一群人正围在他的摩托车旁，他跑去一看，刚才还崭新的摩托车居然被撞翻了，车身也被撞得扭曲了，旁观的人都连说可惜，他却叹了口气说："以前我一直说，要是有一天能买辆摩托车就好了，谁知道我的愿望实现了，而且真的只有一天。"围观的人一听，都笑了起来。肇事者觉得很惭愧，同时也被他这种乐观、幽默的生活态度感染了，马上拿出钱来赔偿他。

这件事情如果让一个没有什么幽默细胞的人遇上了，他可能就会很烦闷，不会像这个年轻人一样很轻松地就把问题解决了。

幽默能增进健康，因为笑能够促进身体各个机能的运转，增强新陈代谢功能，促进身体对营养的吸收，所以，只要你每天给大家讲几个笑话，既能给大家带来好心情，又可以给你们的身体排排毒。当然，讲笑话一定要合情合景，否则你就要成为大家的"笑话"了。

成长有方法

1. 买几本讲幽默小故事的书，没事翻翻看，给自己找点笑料。

2. 注意观察生活中的趣事，把它当作笑话讲给朋友们听，既锻炼了你的表达水平，又能让大家开心。

3. 平时多看看相声、小品和搞笑的娱乐节目，学一学幽默达人的说话和生活方式。

第二节　倾听别人的诉说

放暑假了，林强和父母要去三亚旅游，他一想起葡萄蓝一样的大海和金色的沙滩就兴奋，整天和朋友们炫耀自己即将进行的三亚之旅。

七月二十日，他们一家人坐上了飞往三亚的飞机。林强透过窗户往下看，发现大地好像一块五颜六色的拼图，非常漂亮，正在陶醉的时候，天色突然暗了下来，不一会儿就下起了暴风雨。飞机在狂风暴雨的攻击下失去控制，脱离了航线，颠簸得非常厉害，很多乘客都惊叫起来，连空姐也吓得脸色煞白。她告诉乘客们系紧安全带，然后教给大家一些保护自己的措施。

27

雨越下越大，飞机仍然在不停地晃动，机舱里慢慢安静下来，最后是一片死寂，大家都感觉到了死亡的气息。林强突然想起了很多飞机失事的事故，心里非常恐惧，一直紧紧握着父母的手。值得庆幸的是，驾驶员还比较冷静，找到一片空地让飞机安全着陆了。林强觉得这次经历真是惊心动魄，就在前一分钟他还认为自己会随着飞机的坠毁而死亡，现在他却安然无恙。

回到学校后，林强就迫不及待地把这件事告诉他的几个好朋友，可是这些朋友一直在讨论暑假里发生的趣事，根本就没有理会他惊险的飞机旅程。林强失望极了，他闷闷不乐地坐在一边，也不再理睬朋友们。后来，大家意识到林强有些不开心，就停下他们的话题，问："林强，大家都聊得很起劲儿，你怎么啦？"林强冷淡地说："你们聊吧，我不感兴趣。"其中一个朋友笑道："好了林强，刚才你说飞机上怎么了，我还没有听明白，你再说得详细点。"林强一听，果然有了精神，开始描述飞机上发生的事情，他一边讲一边手舞足蹈地比画，把飞机上的惊险展示得非常生动，朋友们也听得很入神，后来大家就开始讨论一些飞机脱险的故事，聊得很开心。

林强想把飞机上的历险经历告诉朋友们，得到的却是大家的忽视，这让他很失落。还好朋友们发现了他很不开心，让他讲出了自己的经历，这样他的情绪才逐渐好转过来。所以，当一个人具有强烈的倾诉欲望时，你不要吝啬自己的耳朵，应该放下手里的事情听他把话说完，这是对他的尊重，也是对自己耐性的考验。

倾听也是一种交际能力，而且在交际过程中非常重要，如果你想成为一个交际高手，就要学会倾听。倾听不但能够增进你和同学之间的友谊，还能提高你的注意力和观察力，培养你细腻的心思和好脾气。

倾听也是讲究技巧的，当同学有伤心的事想对你说时，你的态度要诚恳、谦和，要让对方感受到你的诚意，然后他才会把内心的故事讲给你听。在和长辈交流的时候，要集中你的注意力，这是对长辈的尊重。

倾听不是一个简单的听故事、听话的过程，而要在听的时候去思考，要注意到对方说话时的情绪。

有一次，一位主持人问一名小朋友："你长大了想做什么呀？"小朋友说："我想开飞机，带着许多人在天上飞。"主持人又问："那要是飞机上的燃料没有了，飞机没有力气飞了，你怎么办呢？"小朋友想了想，回答道："我会挂好降落伞先跳下去。"观众们听了都笑起来，觉得这个孩子很"聪明"，主持人也觉得很好笑，可是，当他想让小朋友回到座位上时，他发现这个小朋友眼泪汪汪的，于是他又轻声问道："为什么这么做啊？"小朋友哭着说："我只是想下去拿燃料给飞机吃，这样它就能再飞了。"

还好主持人敏感地察觉到了孩子的情绪，否则大家都无法知道这个孩子真实的想法。在和他人交流的时候，要学会倾听，不能随便打断对方的话，这样既尊重了对方，也能让自己更清楚事情的原委。

有这么一位将军，他平时非常严肃，也不怎么关心战士的生活。一天，他突然跑到厨房去视察，要亲眼看一看战士们的伙食。灶台上放着一口锅，锅里刚好装着"汤"，他问都没问就对厨师说："给我尝一勺。"厨师赶紧说："将军，这是……"他打断了厨师的话，大声说道："住口！"于是自己拿起勺子喝了好几口，然后生气地骂道："混蛋，这汤怎么能喝呢，明明是刷锅水！"厨师在一旁小声地说："将军，我刚才是想告诉您，这是刷锅水。"

如果这位将军不打断厨师的话，他就不用稀里糊涂地喝刷锅水了。

在倾听他人说话的时候还要注意对方的表达要点，体会说话人的言外之意。有时候你的朋友想跟你借点东西，但他不好意思直接告诉你，可能会拐弯抹角地向你透露了他的意图，如果你不注意体会他的言外之意，他就会更加尴尬。

29

成长有方法

1. 倾听的时候不要打断对方，让对方把自己的想法表达清楚。

2. 注意捕捉对方说话的要点，理解说话人的表达意图，给予对方适当的帮助。

3. 观察说话人的情绪，注意给对方适当的言语引导。

4. 倾听不是听什么就信什么，要学会判断正误，对他人的言语有一个正确的认识。

5. 多看一些关于采访的故事，学习主持人的倾听技巧。

第三节　经常夸奖你身边的人

法国著名作家大仲马小时候家境贫困，他为了赚点钱给父母贴补家用，就决定到巴黎去碰碰运气。

他一个人背着行囊走遍了巴黎的大街小巷，却没有一个老板肯雇用他，他非常失望，对生活也失去了信心，一想到自己的父母和兄弟姐妹还在过着贫苦的生活就悲痛欲绝。

一位将军见到他后很同情他，就把他带进饭店里，想给他找个差事，于是就问："你的数学怎么样，能帮别人算账吗？"

大仲马摇摇头说："我没有学过算术。"

客人又问："那你精通历史吗？"

大仲马还是摇摇头："我也没有学过历史。"

客人又问："那你懂点法律吗？"

大仲马低下头，小声说："我不懂法律。"他觉得很尴尬，不好意思抬头正视眼前的好心人。

客人叹了一口气，说："那把你的名字和地址告诉我吧，如果有合适的工作我就通知你。"

大仲马拿出一个小本子，撕下一页纸写上自己的名字和地址递给客人，客人一看，高兴地说："年轻人，你的字写得真漂亮啊，这可是个优点啊！"

大仲马一听，心想："字写得好都会被人夸奖，如果我能写出好的文章，不就可以赚很多钱了吗？"受到夸奖后的大仲马突然对生活又有了希望，自此他就一直走在写作的路上，多年之后，他终于成为一位名满天下的大作家，被世界的读者所喜爱。

一句简单的夸奖就让大仲马变成了著名的作家，因此，适当的夸奖能够成就一个人。其实，大多数人都喜欢被别人夸，除了觉得开心外，还会感觉很有自信。所以，想要做一个有人缘的男孩，就要经常称赞别人。

夸人也并不是一件很简单的事，需要注意的问题有很多。夸人一定要夸到对方的长处，即使对方知道你是在故意夸奖他，但是只要你说的正确，他还是会很乐意接受的。相反，如果你的夸奖让对方摸不着头脑，他就会对你的夸奖心生厌恶。

夸奖别人的时候一定要诚恳，要从心底里去赞美对方、认可对方，如果你不够真诚，那你的言语一定会比较虚假，态度也会很轻率，对方是很容易识破的，这样的夸奖就不会收到好的效果。除了态度要诚恳之外，夸人还讲究及时，比如你的朋友比赛得了第一名，当时你没有夸奖他，可是过了半年之后，你突然就这件事对他大加赞美，他一定会觉得你很奇怪，而且还会怀疑你不关心他。

夸奖他人也要讲究一个度，如果你动不动就说"你是世界上最优秀的画家"、"你的水平无人能及"等，对方就会认为你有点夸张，当然也就不会接受你的夸奖。

一般情况下我们都会当面夸奖别人，其实，背后称赞效果才会更好。

廉颇和蔺相如都是楚国的重臣，但是，廉颇对蔺相如很不满。他手握兵权，经常带兵出征，为楚国立下了汗马功劳，心想:"你蔺相如不过是个文臣,又没有出过什么力,凭什么官位就比我高。"因此他几番和蔺相如过不去。有一天,他听一位大臣说:"廉大将军,蔺相如上卿夸你用兵如神、英勇非凡哪,他很是敬佩您。"廉颇听了觉得很有面子,再想想自己对蔺相如的成见,心里感到惭愧,自此便对蔺相如尊敬有加。

成长有方法

1. 留心他人的长处,夸人要准确,让对方觉得你是个知己。

2. 夸人也可以达到"雪中送炭"的效果,当朋友失败的时候,送上一句赞美的话,能够增强他的信心。

3. 多学习一些夸人的话语,掌握夸人的尺度,让对方接受起来很开心。

4. 夸人的时候要带着真诚的表情,让对方感受到你的夸奖是来自内心的。

第四节　说话时看着对方的眼睛

有位教授,他想招聘一名研究生来帮助自己处理一些杂事,招聘信息发出去之后,许多研究生都投递了简历和作品,教授逐一地进行筛选,不是文采不好就是基础不牢,好不容易才找到一个比较合意的男生,于是他打电话通知这个男生来面试。

下午两点钟,这个男生来到了教授的办公室,教授让他坐下,说:"你平时做过什么兼职吗?"男生被教授书架上的书吸引住了,左右看了看,然后说:"我做过家教、销售和编辑。"

教授点了点头,问道:"那你喜欢看书吗?"男生一听,正合了自己的心意，高兴地说："非常喜欢，我最喜欢看人文理论方面的书，我看见您的书架上就有好几本，都是我平时很难看到的。"他很兴奋，甚至没等教授提问就把他看过的书都简单地介绍了一下。

教授面无表情地看着他，又问："那你为什么想应聘这份工作呢？"男生的眼睛不停地瞟着书架，说："因为这份工作能让我学到很多东西，而且我还能够受到您的指导，这个机会是很难得的。"

教授严肃地说："你在系里应该很优秀吧。"男生笑道："还好吧，我的论文经常被刊登到一些比较知名的刊物上，成绩也还不错。"

教授摘下眼镜擦了擦，说："年轻人，你的确很出色，但是我并不打算聘用你。"男生听了这话有些不好受，他收起脸上的笑容，问道："教授，这是为什么？"

教授戴上眼镜说："因为你太出色了，以至于你的眼中已经容不下我。"男生一听，突然紧张起来，他不明白教授为什么这样讲，"我没有，我怎么可能呢？"

教授平静地说："年轻人，看来你还没有意识到自己的错误。你在和我说话的时候眼睛一直盯着书架，虽然表示你很爱学习，但是，你忘记了我还坐在你的前面，而我一直在看着你。"

男生这才明白，原来是自己太没有礼貌了，他只能向教授表示歉意，然后离开教授的办公室。

这名男生虽然学习成绩很出色，但却忽视了交际的礼节，没有和教授进行目光的交流，引起教授的反感，也因此失去了一次进步的机会。所以，说话时一定要看着对方的眼睛，特别是和不太熟悉的人交谈时。这不但是对他的尊重，而且也能够让对方感受到你的真诚，给对方留下一个不错的印象。如果你在和别人聊天时一直左顾右盼的，那么对方一定会觉得你对他说的话不感兴趣，或者觉得你的精神不够集中，对他不够重视。有的人在和别人说话时倒不是左顾右盼的，而是一直低着头，好像在承认错误一样，这会让对方摸不着头脑，而且很难再和你继续交谈下去。

说话时看着对方的眼睛能够让你变得更谦虚、更随和。一位交际专家曾经说过："你见到的每个人都觉得自己在某个方面比你高明，因此通向他心灵的可靠途径就是用微妙的方法让他感受到你承认他是重要的，而且要诚心诚意地尊重他。"所以，不论你自己有多么优秀，都一定要在交谈的时候认可对方，看着他的眼睛，并对他所说的话做出适当的反应。否则，对方会认为你太骄傲，太目中无人。

有一个学生，他的各科成绩都非常出色，有一次，一位同学向他请教问题，他一边写作业一边就把答案告诉了这位同学，连头都没抬。他本来还以为这位同学会因此而更佩服他，没想到同学突然发了火，生气地说："有什么了不起的，不就是学习好吗，至于这么瞧不起人吗，连头都不抬！"刚开始他还不明白自己到底错在哪里，向老师请教之后他才明白，原来这是自己的骄傲之心在作祟，倘若他能够谦虚一点，放下手里的事情和同学进行情感交流的话，就不会伤了同学之间的感情了。

其实有的人并不是不想抬头看别人的眼睛，他只是有点自卑或者害羞，只能找其他的东西来代替对方的眼睛，以此来减轻自己的紧张感。如果你是个自卑的男孩，那就拿出一点勇气来，强迫自己注视对方的眼睛，刚开始可能会觉得非常不舒服，但是时间一长你就会习惯的。还有一个办法，那就是让自己变得更优秀、更强大，这样你的自卑感就会减轻了，和别人交谈时也会变得"理直气壮"一些。如果你是一个害羞的男孩，那就尝试着看对方的鼻梁处，既避免了让对方误会你不礼貌，又让你不至于太紧张。

成长有方法

1. 在听别人讲故事或者倾诉烦恼的时候，你要尽量一直看着对方的眼睛，让他感觉到有听众、有依靠。

2. 一般的交谈不需要一直看着对方的眼睛，只要让他感觉到你的真诚就好。

3. 不敢直视对方的眼睛时，就尝试看着对方的鼻梁处，这样不至于太紧张。

第五节　给失落的朋友一些安慰

毕业后，小林找到了一份工作，但是最近他的工作状态一直很不好，刚开始老板对他还没有太多的苛责，可是这一次，他又因为失误而让公司受到重大的损失，老板一气之下就辞退了他。本来他就为工作上连续的失误而深感愧疚，一个星期以来都没有好好地休息过，现在还收到了老板的辞退函，心里很不是滋味。

就在他被辞退的当天，父亲打电话来告诉他，他的母亲心脏病复发了，必须马上住院治疗。小林非常担心，还没来得及收拾自己的东西就跑到了医院去探望母亲，好在母亲没有什么大碍。

不过，小林的压力一点也没有减少，因为他现在没有了工作，母亲的医药费又成了问题。他在医院的大厅里来回踱着步子，心里好像压了一块大石头。这时同事小李赶来了，递给他一个小纸箱子，笑着说："你落下的东西，我都给你收拾好了。"小林勉强笑了笑，接过箱子说："谢谢啊。"他刚想继续说点什么却又止住了，小李知道他最近很不顺，只能鼓励他说："没事的，你肯定能找到更好的工作。"小林摇了摇头，抱着东西坐在大厅的休息椅上，一句话也不说。小李和他是大学同学，平时关系也不错，见他这个样子心里也很不舒服，就陪他坐在椅子上。

小李突然想起小林很喜欢滑冰，就拉着小林去了溜冰场。疯玩了一个小时，两个人都累了，躺在冰面上休息。小林也终于放松了很多，笑着对小李说："兄弟，我现在手头有点紧，刚才没好意思说，你能先借我一点吗？"小李爽快地答应了。小林很感激小李能在他最失落的时候特意来安慰他，不但给了他最实际的帮助，还顾及了他的感受，"谢谢你，还好有你这个朋友，不然我都不知道什么时候能振作起来。"小李笑了笑，说："别见外了，好好照顾你母亲，再找个工作，没什么的。"晚上的时候，两个朋友笑着离开了溜冰场。

在生活中，每个人都会遇到烦心事，而且都渴望有个人能够来安慰一下自己，哪怕他只是静静地坐在旁边也是好的。所以，要想成为一个善于交际的男孩，你就要学会去安慰别人。这样除了能让痛苦的人好受一点之外，还能够给对方留下一个好印象，多交一个好朋友。

安慰别人还能够培养你的爱心和耐性。一个经常安慰别人的男孩是很有爱心的，否则他就无法注意到别人的悲伤，也不会有意识地给别人送去安慰，所以，如果你缺乏爱心的话，可以先从安慰别人开始，慢慢学习怎么变成一个有爱心的人。

安慰别人是很考验一个人的耐性的，尤其是在安慰女孩的时候。女孩大都感情比较丰富，经常为一些小事伤心难过，而且安慰起来也比较麻烦，她们要么一句话都不说，只顾着哭泣；要么就是喋喋不休的，一直诉说自己的委屈。所以，你在安慰女孩的时候，一定要有十足的耐性。不要表现出厌烦，更不要制止她们伤感的情绪，只要在一旁静静地候着，让她感觉你是支持她的。

安慰别人的时候要注意你的言语，不要一直说"没事的，会好起来的"，其实这根本就不管用。还有，不要对哭诉者的观点做任何判断，因为他暂时什么都听不进去，只要让他感觉到你的存在就可以了。

成长有方法

1. 哭泣可以帮助对方排解痛苦，你的任务就是站在一旁把纸巾递过去。

2. 对方哭诉的时候不要打断他，等到他要求你发表观点时你再开口，而且要尽量向他的观点靠拢，否则你的话会起到反作用。

3. 安慰男孩和女孩的方式是有区别的，安慰男孩相对简单一些，也许陪他打打球就好，而安慰女孩的时候，就需要你拿出十二分的耐心了。

第六节　原谅朋友的不仗义

爱迪生发明灯泡的过程很坎坷，他经过很多次实验的失败才做出了一个完整的灯泡。

这一天，他把刚刚做好的灯泡交给一个助手，说："把这个拿到楼下的实验室去，我们还要认真研究一下。"

助手很清楚，为了做好这个灯泡，爱迪生花了好几天的工夫，连觉都没有好好睡过，所以他特别小心，恐怕碰坏了爱迪生的研究成果。

可是，怕什么来什么，刚走到楼梯的拐角处，助理的左手不小心碰到了楼梯的扶手，灯泡从他的手里掉了下来，"乓"的一声碎了。

他站在那里吓呆了，不知道该怎么和爱迪生交代。他慢慢地走向爱迪生的实验室，心里盘算着找个什么理由才好，等到来到爱迪生的旁边时，他还是没有想出比较好的借口，只能支支吾吾地说："灯泡碎了，我不小心碰到了扶手，真的很抱歉。"

37

爱迪生听后很生气，好几天的工作成果就这么消失了。但是他知道，助理一定是过于紧张才会出现这种错误，而且灯泡已经碎了，再去苛责他也没有什么意义，所以爱迪生没有责备这个助理，只是淡淡地说了一句："以后小心点。"

刚听到这句话时，助理简直不敢相信自己的耳朵，心想，"他一定是在安慰我，根本就不可能原谅我。"为此，他一直有些不痛快。

有了第一个灯泡的制作基础，第二个灯泡很快就做好了。过了两天，爱迪生又把新的灯泡拿给助理，对他说："把灯泡拿到楼下去，这一次要小心点，我已经好几天没合眼了。"

助理很感动，他知道爱迪生是真的原谅了自己，于是每走一步都很留心，最后，他把灯泡安全地送到了楼下的实验室。

爱迪生可以原谅助理打碎他的研究成果，我们就更可以原谅朋友的一两次不仗义了。原谅朋友不但能够减少朋友的愧疚感，使朋友关系更加和谐，还能够让自己变得大度，这对自己的身体健康也是很有帮助的。

当朋友背叛你或者欺骗你时，他自己也会觉得内疚，如果再缺乏承认错误的勇气，他就不可能主动向你道歉，只能躲避你、疏远你。所以，倘若你还想挽回这段友谊的话，一定要拿出男子汉的气度来，主动找朋友谈谈，既解决了你的烦恼，也能让朋友的心里舒坦些，而且还能增进你们的友谊。

原谅是一种美德，不但减轻了朋友的心理压力，还能克服你的王子脾气。现在的孩子大都是独生子女，是家里的宠儿，大多数都有公主病、王子脾气，而且他们往往把这种"高贵"的习惯带到与朋友的交往过程中，因此很容易和朋友闹矛盾。双方出现矛盾后，谁也不会主动承认错误，因为大家都习惯性地把自己当作王子，王子从来就不会向别人低头，也不可能轻易原谅别人。这样只能加大朋友之间的隔阂，所以，在朋友不仗义时，适当地放下你王子的架子，主动和他沟通，既保住他的面子，也能让你变得更随和、更好相处。

原谅别人还能够让自己的心情得到放松，活得开心一些。

　　乔和杰克是好朋友，有一次两个人都参加了科技创意比赛，乔非常想得到第一名，但是他一直没有好的想法。正发愁的时候，杰克兴高采烈地过来说："乔，你看我的设计，我花了好几天才想出来的，一定能得奖。"乔一看，果然很有新意，他对杰克夸奖一番后，头脑中突然冒出一个想法——借用杰克的创意。比赛当天，乔先出场展示他的作品，他的作品完全套用了杰克的想法，杰克看到后非常生气，不但退出了比赛，还和乔断绝了关系。可是，杰克并不高兴，他一直忘不了和乔在一起玩耍的日子，突然，他觉得自己太无情了，而且越想越觉得难过，于是，他决定原谅乔。当他把这件事抛开后，心情真的好了许多，好像这件事从来没有发生过一样。

　　所以，不要再为朋友的不仗义而难过，放下这段不美好的记忆，让自己过得开心一点。

　　当然，原谅朋友不代表要纵容朋友的一切不友好行为。有时候，朋友所犯的错误是比较严重的，或者他的某些行为会对他以后的生活造成不好的影响，那么，你除了要原谅他之外，还应该积极帮助他改正错误，让他成为一个更优秀的人。

成长有方法

　　1. 朋友伤害了你时，多想一想他的好处，让他的好淡化你的愤怒和烦恼。

　　2. 站在朋友的立场考虑一下，看看他有没有什么不得已的苦衷，如果有的话，那就主动和他联系，帮助他摆脱愧疚感，也让自己变得开心一点。

　　3. 无论是谁的错误，你可以主动一点，不管还能不能够挽回友谊，都不要给自己留下遗憾。

第七节　听听长辈讲过去的故事

吃晚饭的时候，妈妈对儿子说："你看这个虾多新鲜，我们小时候哪有这么好的东西吃。"

儿子不耐烦地说："妈，您现在不就在吃吗？"

妈妈强调道："我说的是小时候，那时候我们没有你们这么幸运。"

妈妈的话刚说到一半，儿子就插嘴说："行了妈，您天天都唠叨，我已经知道了，您小时候没有虾吃。"然后就放下碗进了自己的屋子。

妈妈还在自言自语："我们那时候也没有这么好的吃饭环境……"

第二天，儿子上学回来，很不好意思地说："妈妈，今天我们老师留了一项作业，让我听您讲一段过去的故事。"

妈妈以为儿子是在对昨天没有听自己说话而表示道歉，便笑着说："你去写作业吧，没什么好听的，这个老师还真会留作业。"

可是儿子生气地说："这是作业，您怎么能不配合呢？"

母亲听了只好坐下来，不过她突然不知道该给儿子讲些什么了。儿子等了很久，可是母亲一直也没有说话，他有些不耐烦了，不高兴地说："妈，您倒是说话啊！"

母亲不好意思地说："平时说的你都不爱听，我也不知道该讲什么才好。"

看到母亲露出抱歉的表情，儿子心里有点过意不去，就问："妈，你们小时候都吃什么啊？"

妈妈听后马上高兴起来，笑着说："我们那时候啊，没有你现在这么幸福。我们家有好几个兄弟姐妹，生活不太富裕，冬天的时候只有萝卜和白菜吃。有一次，你的外婆买了半斤肉回来，说是要包饺子给我们吃，我特别高兴，就要帮着拌肉馅。可是，一不小心就把快要拌好的肉馅倒在了地上。你的外婆气坏了，当时就打了我一顿，我的哥哥和妹妹们也特别不高兴，都来埋怨我。那天晚上的饺子吃得很不开心，因为肉馅太少了。"

儿子从来没有认真听过妈妈的故事，他一直觉得妈妈讲的事都很无聊，可是今天，他好像感受到了妈妈的辛酸，心里很有感触。听完了妈妈的故事后，他说："妈妈，你们那时候一定还有很多故事吧，有时间讲给我听。"妈妈听了很吃惊，但还是高兴地答应了。

男孩进入青春期以后出现了叛逆心理，总是和妈妈闹别扭，很厌烦她的唠叨，但当他认真听妈妈"唠叨"一次时才发现，原来妈妈的故事也很有意思。其实，每个父母都希望子女能够多抽出点时间来陪伴他们，但是，在大多数学生的意识里，代沟一直是横在他们和父母之间的障碍，他们不愿意把心思放在和自己没有共同语言的父母身上。其实，父母曾经也年轻过，只要你愿意，他们同样可以成为你的朋友，他们对你的了解和支持甚至超过你的同龄朋友。

想和父母交朋友就要加深对他们的了解，除了日常生活的接触外，还要去了解他们的过去，他们的童年时代、中学时代、大学时代，甚至是恋爱时的故事。了解父母的过去除了能够加强你和父母的沟通之外，还可以扩展你的见识、让你变得更有智慧，甚至还会给你一些启发，改变你的生活方式。

了解父母的过去能让你知道父母的性格、喜好、理想等，当你知道父亲因为怕耽误学习而放弃了摇滚乐时，你可以和他一起参加某个摇滚乐队的演唱会，或者带他去酒吧的舞台上亲自体验一次摇滚的感觉，这样不但让父亲少了一点遗憾，还拉近了你和父亲的关系。而且，在和父母聊他们的过去时你还会发现，他们为了让你幸福，经常放弃自己的所爱，因此你就会懂得珍惜父母为你所做的一切。

通过父母对过去的介绍，你会知道一些真实的历史，比如二十世纪七十年代的"文化大革命"、八十年代的改革开放等，他们的描述肯定比你在历史书上看到的要精彩得多，而且你还能够通过他们体会到那个年代的人是怎么生存的，他们的心态如何、生活方式怎样等。

父母出生的年代虽然已经不用忍饥挨饿，但是，他们却会因为买到一件比较像样的羽绒服而兴奋好几天，和你现在的生活相比，已经算是比较贫困了。所以，以后你就不要再因为父母没有给你买一双乔丹的球鞋而生气，也不要再埋怨妈妈没有带你去西餐厅吃一顿几千块的牛排了。

成长有方法

1. 时常用话语关心父母，经常表达自己对他们的爱意，让他们感觉到和你的距离并不遥远。

2. 主动和父母一起做一些家务事，分担他们的责任。

3. 吃饭时和父母聊一聊学校的事情，增添乐趣。

4. 遇到不方便用话语沟通的问题时，可以给父母写一封信，或者发一条短信。

第八节　多和不同性格的人打交道

梁山好汉柴进，人称"小旋风"，在江湖上很有名气，他不但武艺高强，还特别善于交际，结交了江湖上的各路好汉，这些好汉也都很敬重他。

柴进出手向来大方，凡是被流放的犯人，有愿意投靠他的，他不论这个人的出身和罪行，一律好吃好喝地款待，遇到在江湖中颇有名气的还要多赠几百两银子。

柴进交的朋友有很多，而且性格、出身大都不一样，不过，这丝毫不影响他与朋友之间的沟通。与一般的江湖好汉接触时，柴进只以礼相待，给以比较实际的帮助，让他们深表感激。而与小有名气的人接触时，就更加热情一些，让他们到自己的府上免费吃住。对于有头有脸的人物，柴进更是相见恨晚，不但要把他们请到府上，还会与他们同吃同住。

当日武松因惹到了一个恶霸，害怕官府追究，便逃了出来投奔柴进。柴进见他虎背熊腰、一身武艺便收留了他。

八十万禁军教头林冲来投奔柴进，柴进非常热情，他身边的人都认为一位身份尊贵的大官人不应该对一个带枷的囚犯这么热心。不过柴进可不在乎，他对人才的喜爱丝毫不亚于宋江、晁盖等人。况且林冲是个有礼有节的人物，与柴进是同路上的人，柴进很欣赏他，一点都没有怠慢。他吩咐府上的人杀羊宰牛，并额外赠给林冲银两，让他在监牢里行事方便些。

那日宋江杀了阎婆惜，一路逃到他府上，柴进早就听说了宋江的名气，对他仰慕已久，这次宋江竟投靠到这儿来，他欢喜非常，于是伏地就拜，好吃好喝伺候着，就像接待贵宾一样。

后来梁山好汉征讨方腊，柴进凭着自己的交际本领顺利地打入了方腊内部，取得了方腊很多重要人物的信任，而且还当上了方腊皇帝的驸马爷，这可不是一般油嘴滑舌的人能做到的事。

在日常生活中，同学们大都喜欢和性格相似的同学打交道，觉得这样才会有共同语言。其实，各种性格的同学你都应该去接触一下，这样不但能够扩大你的交友范围，还能够锻炼你的交际能力、丰富你的生活。

人脉对男孩来说是很重要的，所以你的交友范围一定要广，应该结交各种性格的朋友，这样对你才更有利。也许你交友的目的很单纯，并没有为以后考虑太多，只是想和他们玩玩闹闹，而且每天都过得比较开心，但是，时间一长你就能感觉到，每天都做类似的事、接触类似的人没有太多的乐趣，所以一定多交几个不同性格的朋友。不同性格的人朋友圈子都不大一样，如果你的朋友中什么性格的人都有，那就意味着你会接触到各种圈子的朋友，慢慢地，你的朋友就会越来越多，人脉也越来越广，有麻烦事的时候得到帮助的机会就会更大。

和不同性格的同学打交道很重要，而且也要讲究技巧。对一些品学兼优而脾气比较耿直的朋友，你就要用心和他们交往，而且还要注意你的说话方式，因为他们大多性子比较直，说话也不客气，谈到严肃的问题时会有些不留情面，所以你要随时调整说话的方式，懂得缓和气氛。

而对一些成绩一般但为人比较豪爽的朋友来说，你大可以有什么说什么，不必有太多忌讳，只是，这种朋友脾气会比较大，性子也有些执拗，不要太和他们较真儿，他们有冲动的行为时你要适当地劝阻，不可以助长他们的"牛劲儿"。

有些同学能说会道，消息也特别灵通，但是做事有点不可靠，而且颇有心机，和他们交往的时候你就要聪明点，既不能故意疏远他，也不要什么心事都告诉他，要把握一个度。他们的话有真有假，话的轻重缓急也不一定准确，所以你要学会思考，自己判断正误。

不同性格的朋友能够让你拥有不一样的生活方式，你可以和品学兼优的朋友一起学习、探讨人生和历史，还可以和豪爽的朋友一起疯玩，也可以找能说会道的朋友聊聊天，获悉一点奇闻逸事，这样，你的生活是很丰富的。

成长有方法

1. 和正直的朋友打交道要诚恳、认真，让他们感觉到你和他们是一路上的。

2. 和性格豪爽、不拘小节的朋友交往时，不但要好好陪他们玩儿，还要注意劝阻他们的一些过激行为，经常提醒他们不要太冲动。

3. 和圆滑一些的朋友交往时要学会思考，不能听风就是雨，应该学着提高自己的判断能力。

第九节　说话时考虑一下对方的感受

钱学森刚从美国回来的时候满身都是"美国味儿"，说话很不客气。人工智能专家戴汝为曾经是他的学生，经常被他说得很没有面子。

那时大学里经常举行学术讨论会，钱学森也总是参加这样的活动。当时同学们都听说了钱学森的大名，知道他说话很不留情面，许多同学都不敢在他面前发言。有一次戴汝为鼓起勇气向大家分享了自己的想法，同学们都对他独到的见解很是佩服，钱学森却突然站起来说："你的思路是不是不太清晰，我怎么没有听明白你在说什么？"戴汝为听了，顿时就满脸通红，他看了看同学们，低着头坐下了。

还有一次，他也是在大家都不敢发言的情况下站了起来，他吸取了上次的教训，特意把自己的思路写了下来，然后有条不紊地阐述了自己的观点，他以为这次钱学森不可能再指责他，没想到他刚一说完钱学森就大声批评道："你这是什么歪理！"戴汝为尴尬地坐下了，连头都不敢再抬起来。

一天，戴汝为想去图书馆找几本数学参考书，可是参考书的种类太多，他不知道选哪一种好，钱学森刚好从他身边经过，他急忙跑上前去，谦虚地说："钱老师，数学力学应该看什么参考书呢？"钱学森看了他一眼，冷冰冰地说："这种问题还需要问吗？你难道不会自己思考吗？"戴汝为一听，只好灰溜溜地走了。

钱学森不只对学生说话不客气，对同事也是一样，有一次一位副教授向他请教一个问题，钱学森听完他的问题后冷淡地说："你连这个问题都不能解决吗？"副教授一听，尴尬地站在那里，过了好一阵子才离开。秘书看到后对他说："钱教授，你说话的时候要考虑对方的感受，别让大家心里不痛快。"钱学森听了秘书的劝告，后来说话就委婉了许多。到年长的时候，他变得更加谦和、更加平易近人。

年轻时的钱学森说话时很少顾及听者的感受，经常让对方觉得很尴尬，不但伤了对方的自尊，也让自己比较烦恼。所以说话要讲究"三思而后行"，要顾及对方的感受。有的男孩说话比较直接，有时会伤到听者的自尊，这对建立和谐的朋友关系很不利，所以，想要成为一个交际高手就得会说话，既要了解听者的喜恶，又要注意察言观色。

在和熟人交谈时，虽然不用避讳太多，但是，开玩笑也要有所节制，千万不能随意谈论对方的缺点或者伤心事，这样会伤到对方的自尊。

有一个男孩，他是天生的跛脚，走起路来样子有点怪，每次上街都有人对他指指点点。好在他的心态还不错，经常安慰自己说："没事，反正我也不认识他们。"有一次他和几个朋友聊天，不知怎么大家的话题就转移到了他的身上，朋友们开始拿他走路的姿势开玩笑，有个朋友竟然还模仿他走路，惹得朋友们哈哈大笑。他当时没有说什么，还附和着和大家一起笑，可是，他感觉到大家对他不够尊重，自此就和朋友们疏远了。

所以，即使是和很熟悉的朋友交谈也要注意自己的言辞。

在与陌生人交谈时，你更要把握好说话的分寸，不要急于表达你的观点，言语要尽量委婉一些，免得伤害对方的自尊。

在《傲慢与偏见》中，男主人公达西就是个说话比较直接的人，很少顾及听者的感受。在一次舞会上，他见到了女主人公伊丽莎白，就在别人都赞美伊丽莎白很美丽时，达西却说："除了眼睛好看点以外，她长得挺一般的。"伊丽莎白听后很不受用，认为达西是个狂妄自大的家伙，自此对他爱答不理的。后来，达西渐渐爱上了伊丽莎白，但是，伊丽莎白一直对舞会上的事耿耿于怀，对达西很有偏见，两个人的感情之路便生出很多障碍。

如果达西说话能够委婉一点，伊丽莎白就不会对他产生误解，那么他的求爱过程就会顺利得多。

在与别人聊天时你要懂得察言观色，比如说到某个话题的时候，如果你发现对方的表情很不自在，就要马上转移话题，把对方的注意力引开，或者适当地幽默一下，缓解缓解尴尬的气氛。

成长有方法

1. 说话前先考虑一下对方比较忌讳的话题，然后绕开这个谈话的敏感区，这样就不容易伤害对方了。

2. 说话的速度不要太快，免得来不及思考，说出不合适的话让对方不自在。

3. 话语要委婉一些，不能太直接。

4. 和别人说话的过程中要学会察言观色，及时改变让对方觉得尴尬的话题。

第十节　在朋友困难的时候伸出援手

路易和内特是好朋友，大学毕业后两个人合伙做生意，一起经历了不少磨难，也创造了很多财富。后来他们的生意出了问题，公司一直在亏损，内特支撑不下去了，因为他有一个生病的母亲需要照顾，而且母亲的医药费很高，他必须赶快找个薪水比较高的工作，于是他就决定和路易分开。

内特临走时对路易说："兄弟，我现在没办法帮助你了，我的母亲还躺在病床上呢。"路易很体谅他，不但没有因为他的撤退而生气，还安慰他说："我知道你的难处，不过我现在没有能力减轻你的负担，真的很抱歉。"后来，路易独自一人硬撑着，好不容易才扭转了公司的经营状况。

公司盈利之后，路易拿着分红去找内特，说："这是你应得的，公司现在发展得还不错，你想回来吗？"内特笑着说："我现在的工作很稳定，薪水也不低，我想继续做下去。不过，只要你有困难，随时都可以找我。"路易虽然很失望，但是他一直把内特当作最好的朋友，毕竟他们同甘共苦了很多年。

二十年过去了，路易也老了，身体越来越差，最后只能躺在病床上勉强活着。一天他把儿子叫到身边说："如果你遇到困难了，就去找内特，他一定会帮助你的。"然后让儿子记下了内特的地址。

没过几天路易就病逝了，他本来给儿子留下了不少财富，可是儿子的生活很奢侈，经常领着一群朋友到家里大吃大喝，而且他又不善经营，没过几年就把路易留给他的钱都花完了，还欠下了一身的债。

债主追上门的时候他去找朋友们帮忙，但是所有人都躲着他，走投无路之下，他突然想起了父亲对他说的话，于是决定去找内特帮忙。

内特知道了他的情况后，二话没说，从屋里抱出一个小箱子，他说："孩子，这是你父亲当年给我的分红，应该能帮你渡过难关，但是，不要再挥霍了，好好珍惜路易给你留下的东西。"孩子听了之后很感动，他终于明白，像内特这样能够在最困难的时候向你伸出援手的才是真正的朋友，自此他远离了原来那些狐朋狗友，开始本本分分地生活。

即使已经过了二十年，但内特对路易的友谊并没有褪色半分，甚至对路易的儿子也能够及时伸出援手，这样的朋友才是真正的朋友。我们每个人都会遇到一些困难，而且很渴望能够找个朋友来帮忙分担，但是这样的朋友却不多。所以，你应该做一个肯为朋友分担痛苦的人，这样不但能够减轻朋友的压力，也能让自己活得更开心。

帮助朋友分担痛苦能显示出你的真诚，拉近你和同学之间的关系，让你多交几个好朋友。

有一名学生，他的生活费在回学校的路上丢了，因为家里的条件不好，他一直不敢告诉家里，每天只吃一顿饭。后来班里有个同学发现了，就经常约他一起吃饭，而且每次都故意多买一些，然后对他说："你看，我都吃撑了，这剩下的我还没吃过，扔了太可惜，你帮帮忙吧。"他很感动，他知道这个同学是故意在帮助自己。后来他们天天在一起吃饭，只要这个同学有需要帮忙的地方他都会义不容辞，原本他们两个都不太熟悉，慢慢地却变成了知心的朋友。

帮助别人除了能够增进友谊外，还可以增强一个人的责任意识。如果你能够把别人的困难当作自己的困难，并不遗余力地给以帮助，那么在处理自己的事情时你也会非常用心，而且应该处理得非常好。

帮助朋友也是很有讲究的，方式要正确，结果要有效，而且要尽量对他有利，否则就会适得其反。

一个男生和班里的同学发生了口角，因为理亏被对方说得哑口无言，但是心里很不服气，一直为这件事闷闷不乐。朋友们知道后就决定帮他出口气，把那个同学修理了一顿。第二天那个被打的同学把这件事告诉了老师，老师很气愤，严厉地批评了他们的恶劣行为，其中一个朋友还辩解说："我们是想帮朋友出口气。"老师严肃地说："你们这样做分明就是在给朋友添麻烦！如果打伤了人，你的朋友还要赔偿医药费。"朋友们听了以后都很惭愧。

49

所以，帮助朋友一定要用正确的方式，千万不能意气用事，要为朋友的利益考虑。

成长有方法

1. 帮助朋友时要采用正确的、理智的方式，既对朋友很有帮助，也不会伤害到其他人的利益。

2. 如果朋友羞于向你开口，你可以在暗地里帮助他，既减轻了他的负担，你自己也会觉得很开心。

3. 如果你无法提供比较实际的帮助，给对方一些言语上的安慰也是好的。

第十一节　必要时说句善意的谎言

医院里有一个病重的老人，他每天都只能孤单地躺在病床上看着天花板，觉得生活已经没有了指望。有一天，他的病房里来了一个病友，这个病友虽然病得很重，但却非常喜欢说话，每天都要和他聊上几句。

有一次病友问他："你的家人呢？"

他伤感地说："我的儿女都不要我了。"说着他就流下泪来。

病友安慰他说："其实他们不是不管你，只是不想看见你这么痛苦。"他听了觉得很有道理，说："是啊，我现在痛苦的样子还不如不让他们看见呢。"

第二天他醒来以后，病友高兴地对他说："你的孩子刚才来看你了，还给你买了水果。"

他看了看床边的小柜子，上面果然放着一兜水果，他高兴地说："那他现在在哪儿呢？"

病友羡慕地说："他看你睡着了就没有吵醒你，现在去上班了，他还让你好好养身体。"

他的儿子已经很久没有来看过他了，他非常开心，说："让护士给我们拿水果吃吧，我一个人吃不了这么多。"病友笑着答应了。

在后来的半年里，他每隔几天就能收到儿子送来的水果，心情一天天地好起来，健康状况也改善了许多。但是病友的状况却不容乐观，精神越来越恍惚，在一天夜里去世了。临走前病友还对他说："你儿子说，等你病好了，他就来接你。"

后来他能够坐轮椅了，还可以自己到医院的小花园里晒晒太阳，儿子也经常来看他。有一次他问儿子："你那年怎么突然想起来给我送水果？"儿子诧异地说："没有啊，我没给您送过水果。"他回到病房后想了想，然后问护士："我的水果是谁送的？"护士看着他，认真地说："是您以前的病友。"他听了点点头，然后拿起一颗草莓放进自己的嘴里，两滴眼泪从眼睛里落了下来。

病友虽然对这个老人说了谎话，但这些谎话却让他重新找到了生活的热情，他不但不会怪罪病友，反而会感激他一辈子。在和别人交往的时候，我们有时不得不说几句善意的谎言，虽然它是谎话，但却能够给听者带来希望和自信。

有的男孩性子比较直，说话从来都不拐弯，虽然这是一种诚恳的表现，但却容易让人生气。在和别人交谈时，言语要稍微委婉一点，尤其是和女孩交往的时候。有一些不太苗条的女孩很忌讳别人说她胖，在她们面前，你要尽量避开评论她们的身材，如果实在躲不过也要鼓励一下，"只要稍加控制一下饮食，你的身材正好。"她们听了一定会很开心，也不会因为身材的问题而觉得自卑了。

有时善意的谎言还能够成就一个人。

有个年轻的会计，他刚开始工作的时候表现不太好，但是主管没有批评他，而是委婉地提醒他说，"你上次做得不错，如果能够再认真点就更好了。"他听了很开心，工作的时候就多了几分认真。后来主管一直用这种方式对他进行指导，鼓励他不断进步，最后他成为了一名出色的会计。

善意的谎言在交际的过程中是不可缺少的，它不但能让听者获益，也能够让你变得更受人欢迎。说善意的谎言只是为了让对方变得开心、自信，而且也不会带来不好的影响，所以对方一定会非常喜欢你这种说话方式，当然就很愿意和你交朋友。

成长有方法

1. 在说善意的谎言时不要太夸张，要尽量符合事实，让听者更容易接受。

2. 说善意的谎言不能太频繁，要在必要的时候说。

3. 如果善意的谎言无法激励你的朋友进步，那就不要再用这种方式，应该用事实来鼓励他进步。

第十二节　服从班长的指挥

实验中学八年级二班是个问题班，无论是纪律还是学习成绩都让班主任很头疼，为了摘掉"全校倒数第一"的帽子，班主任决定换一个更有责任心的班长，深思熟虑之后，他选中了善良沉稳的林红。

班里个男生叫王宇，学习成绩很不错，但性格孤傲，没有集体意识。有一次，学校要举行"卫生班集体"的评比活动，比赛前一天每个班都要进行大扫除，为了能在这次评比中有个好成绩，林红费了很多心思。她把班里的同学分成小组，给每个小组都明确了分工，如果大家认真配合，放学前这些任务就能完成。

可是，王宇偏偏看不上林红，心想："你的学习成绩还不如我呢，凭什么指挥我。"于是他就撺掇着小组的同学捣乱，林红生气地说："你们这是在扫地吗？"王宇把头一昂，满不在乎地说道："我们就是这么扫地的，要是不满意你就自己来。"林红听了觉得很委屈，她强忍着眼泪，没有理会他们，自己去收拾讲桌。

王宇"打败"班长后心里很过瘾，不但没有收敛自己的行为，还带领着小组同学给其他小组捣乱。林红看在眼里，一句话也没有说。放学铃打响了，王宇大声说："放学了，该回家了！"说着就带着一群同学大模大样地走了。

他回到家里，高兴地对妈妈说："妈，今天班长被我制伏了。"妈妈一听，严肃地问："你怎么制伏的？"王宇笑着说："我把班里搞得一团糟，她根本就管不住我。"妈妈看着他，脸上带着怒气说："你觉得自己很了不起吗？那也是你的班集体，身为这个班的一分子，你有义务服从班长的指挥，如果班级因为你的缘故而失去应有的荣誉，你应该感到羞愧，现在就回学校把自己的事情做完！"

王宇听完妈妈的教训后回到了学校，发现教室的门还没有锁，他进去一看，发现林红还在扫地。他觉得很惭愧，赶紧拿起笤帚帮助林红，林红觉得很意外，她没有想到王宇会回来帮忙。王宇抱歉地说："对不起班长，如果我能听你的指挥，你早就可以回家了。"林红笑了笑，接受了他的道歉。在这一次"卫生班集体"的评比活动中，八年级二班终于不再是倒数第一，而是正数第二名。

如果王宇能够放下架子服从班长的指挥，认真配合班长的工作，那么他们的任务就能提前完成，因此，服从班长的指挥是很重要的，直接关系到同学们的劳动效率和班集体的荣誉。此外，服从班长的指挥也是一个人具有集体意识和合作精神的体现。

我们生活在一个集体的环境中，每个人都需要和同伴合作才能把事情做得更好。有的人仗着自己有能力、成绩好就以为自己是无所不能的，其实，不论你有多么优秀都无法脱离集体而生存，所以，一定要放下你的架子与大家合作，争取把事情做到最好。

马克思是伟大的无产阶级思想家，他通过刻苦地研究，总结出人类社会发展的历程，并对今后社会的发展方向做出了理智的指导，但是，这些成就并不是他一个人努力的结果，他也需要与朋友们合作，其中恩格斯就给了他很大的帮助。

《鲁滨孙漂流记》中的主人公意外地来到了一个无人的荒岛上，虽然他坚强地生活了十几年，但是，如果没有野人"星期五"的陪伴，他就会一直处在孤独的世界里，也许还会丧失语言能力，他最后能够离开荒岛回到英国也是靠"星期五"和一个船长的帮忙。

所以，再强大的人都需要与别人合作。

有的男孩很骄傲，经常不服从班长的指挥，对班长分配的任务不是随便应付就是故意捣乱，其实这对自己没有什么益处。服从班长的指挥能够打磨你的傲气，让你改掉盛气凌人的毛病，变得更好相处。

当然，服从班长的指挥也不是无条件的，当你发现班长的观点有误或者分配不合理时一定要及时提出来。不过，在给班长提意见时要考虑到班长的权威形象，尽量单独和班长进行沟通，或者言语委婉一些，让班长能够高兴地接受你的意见。

成长有方法

1. 当你不愿意服从班长的指挥时，就想一想班集体的利益，为了班级的荣誉，服从一次他的指挥也是值得的。

2. 觉得班长的观点、分配有问题时不要耍性子，应该委婉地向班长提出来，既能顾全班长的面子，又可以提高大家的办事效率。

3. 多接触班长的工作，体会班长的不容易，下次再有集体活动时你就会主动服从班长的指挥了。

第十三节 给朋友留一点私人空间

双耳失聪后贝多芬的脾气变得更加暴躁了，稍有不满就会对身边的人大发雷霆。即便如此他依然有很多朋友，而且朋友们也非常关心他。

贝多芬的住宅很大，平时只有他和保姆两个人住，屋子里冷冷清清的，只能听到钢琴的声音。有个朋友非常热心，他觉得贝多芬太过孤单了，况且又丧失了听力，就想多给他一点照顾，让他感觉到来自朋友的温暖，所以他经常拜访贝多芬。

这一天，朋友又去拜访了贝多芬。此时贝多芬正在创作新曲，他叼着一根金属棒，把金属棒的另一端顶在钢琴上，然后通过金属棒传递的声音来感受音乐。朋友被这种方式逗乐了，他在一张纸上写道："朋友，你这种方法管用吗？"

贝多芬本来就为丧失听力而苦恼，他很不喜欢这种折磨人的弹琴方式，心里正不自在，他看了朋友递过来的纸条后，满脸的

55

怒气，严肃地说："你每天都跑过来，难道不嫌麻烦吗？"

朋友以为他在关心自己，便写道："没事，我来看看你是不是需要帮助。"

贝多芬看了他写的话，心里的怒火更大了，他大声地说："你以为你做得很对吗？我正在创作，需要一个人待着，你可不可以不要经常过来，我都不知道怎样才能把你赶走！"

朋友听了立马就红了脸，他觉得很尴尬，不知道该怎么和贝多芬继续交谈下去，只能拿起帽子走了。

在接下来的两个星期里，朋友没有再去拜访过贝多芬，贝多芬以为朋友生气了，就写了邀请函让保姆送去。保姆刚要出去却听见有人敲门，她打开门一看，那个朋友正站在门口，他小心地问保姆："先生今天忙吗？"

保姆把手里的邀请函递给他，笑着说："今天再闲不过了。"

朋友走进屋来和贝多芬打招呼，贝多芬显然很高兴，他笑着说："我以为你再也不会来了。"

朋友笑了笑，写："怎么会呢？以前我做得不对，你应该有自己的空间。"

贝多芬很感激朋友能这么体谅自己，以后他们便约定两个星期见一次，每次见面都聊得很开心。

贝多芬之所以生气是因为朋友没有给他足够的私人空间，影响了他的创作。通过这件事我们可以看出，在和朋友交往的时候，不要过多地打扰朋友的生活，一定要和他保持适当的距离，给他留一点私人空间。

一位德国哲学家说："人类就像刺猬，由于寒冷而想挤在一起，但挤在一起又怕互相刺痛，又不得不离开一些，离得太远又怕冷，所以只好保持不近不远的距离。"朋友之间的相处也是一样，不能太亲密也不可太疏远，因为太近了会让人感觉压力很大，他无法承受你的热情或者重视，慢慢地就会对这段友谊感到厌烦。太远了对方又会觉得你不够重视他，自然也会渐渐地疏远你。所以，朋友之间的距离一定要好好把握，或远或近都要因人而异。对于喜欢热闹的朋友，你应该和他走近一点，不要让他感到孤单；而和喜欢独处的朋友交往时，你就要尽量少去打扰，应该在对方需要的时候再出现。

　　常言道"距离产生美"，朋友之间保持一定的距离对增进友谊很有帮助。音乐家柴可夫斯基和梅克尔夫人的友谊就是很好的例证。

　　梅克尔夫人很欣赏柴可夫斯基的才华，经常写信鼓励他坚持自己的音乐风格，在柴可夫斯基跌入人生低谷的时候，梅克尔夫人慷慨地解开自己的钱囊，在经济上给了他很大的帮助。但是两个人从来没有见过面，因为他们知道现实的接触肯定会对他们纯洁的友谊有所破坏，所以一直保持着这种美好的距离，而他们的友谊也维持得很好。

成长有方法

　　1. 不能要求朋友每天都和你在一起，他也有自己的事情要做。

　　2. 不要硬闯入朋友的心灵世界，他有自己的小秘密，有属于自己的心灵领地。

　　3. 如果朋友提出想一个人静一静的话，千万不要去打扰他。

第十四节　主动认识陌生的同学

　　肖华是个留守儿童，小时候一直跟着奶奶住，后来父母把他接到城里上学，一家三口总算团聚了，但是，由于父母经常换工作，他只能不停地转学，直到初中都没有交到一个好朋友，心里一直觉得很孤单。

初二那年，他们来到了贵阳，父母忙于工作，没有时间照顾他，就把他安排在一所私立的寄宿学校。以前就算再孤单放学后也能见到父母，而现在，他一个月才能见父母一次，因此性格变得越来越内向。

肖华非常害怕上学，因为他听不懂同学们带着贵州口音的普通话，而且每一张面孔都那么陌生。每天一到教室他就趴在桌子上，不是看着同学们发愣就是一直低头着看书，基本上不和别人交谈，很多同学都怀疑他不会说话。

一个星期后班里来了一个转学生，是个非常活泼的男孩。一天，这个男孩走到肖华的座位前，笑着说："你也是转学生吧？"他感到很意外，赶紧回答道："是，我是从湖南来的。"这个男孩一拍桌子，大笑着说："我说怎么觉得你像亲人一样呢，原来咱们是同乡！"他一听也觉得很高兴，还和这个男孩用湖南话交谈起来，其他同学也被他们的湖南话吸引过来，大家一起热情地讨论起方言和普通话的问题，那天肖华说了很多话，心情也特别好。

后来这个男孩请求老师调座位，他们就成了同桌。肖华把这个男孩当成了知心的朋友，向他吐露了自己不敢认识陌生同学的烦恼，此时的同桌却笑着说："咱们两个真的很像，我父母也总是带着我东奔西跑的，不过我一点也不难过，因为每到一个新地方我都会交到新的朋友。"

肖华疑惑地看着同桌，同桌笑了笑，说："陌生同学没什么好怕的，我以前和你一样，不过，自从主动认识第一个陌生同学后我就不再害怕了，而且这已经成了我的乐趣。"

以后这个男孩总是把肖华介绍给自己新认识的人，刚开始他的确有点不习惯，但是半个学期以后，他就把班里的同学都认识了，还交了几个外班的朋友，每天的生活丰富了许多，心情也越来越好了，连学习成绩也提高了。

由于不敢认识陌生的同学，肖华变得很孤僻，在同桌的帮助下，他不但认识了很多朋友，连性格也开朗了许多，学习成绩也变好了。由此可见，认识陌生的同学不但能够扩大交友范围，还能改变自己的性格，提高学习成绩。

有的男孩很腼腆，不好意思主动和陌生的同学说话，其实他们也有很强烈的交友欲望，只是经常等待别人的主动，所以结交的朋友就会很少。而有的男孩是因为自卑或者胆小而不敢和陌生的同学说话，害怕别人会不理睬自己，他们总是把自己封闭起来，就算有人主动和他交谈，他们也会觉得不自在，因此交到的朋友非常少。

想要结交陌生的同学，就要先克服自己的羞涩和恐惧心理。在和陌生同学接触之前，要给自己一个心理暗示，不要害怕、不要担心，即使自己不被同学接受也无所谓，提前做好心理准备，不管结果如何都要积极地对待。之后就要鼓起勇气，大胆地和陌生的同学打招呼，然后主动向同学介绍自己，态度要热情一些，这样能够拉近你和同学的关系。

和陌生人聊天的时候免不了会出现冷场的现象，所以要学会没话找话，不断引导对方的谈话热情。说话的时候尽量迎合对方的兴趣，让他觉得和你是同道中人，然后他才会有意愿继续和你交往。这样多练习几次你就不会怯生了，而且还会把认识陌生人当作一种乐趣。

认识陌生的同学也能锻炼你的交际能力。因为在和陌生的同学交流时，你会特别注意自己的言辞和举动，交谈的过程中也多了一些思考，久而久之你就能总结出和陌生人交谈的技巧，交际能力自然就提高了。

成长有方法

1. 克服羞涩和恐惧的心理，鼓起勇气主动和陌生的同学打招呼，不要等待陌生同学的主动接触。

2. 和陌生同学交流时要热情、自然，这样能让对方觉得很亲切。

3. 交谈时尽量多聊一些对方的兴趣爱好，寻找共同语言，这样才能让谈话继续下去。

第十五节　在女孩面前做一个绅士

美国好莱坞巨星格里高利·派克被称为"永远的绅士"，即使年过八旬也依旧风度翩翩。他的绅士风度不仅体现在得体的衣着和文雅的谈吐上，更体现在高尚的品德上。

1953 年派克和赫本主演了一部爱情影片《罗马假日》，这是他们第一次合作。当时的赫本还只是一个名不见经传的小演员，而派克已经名声大振，在好莱坞很有地位。当他知道与自己合作的是一位不太出名的女演员时，他并没有像其他的好莱坞巨星一样摆谱，不但积极配合赫本的表演，还在表演技巧上给了她很多指点。

有一次，赫本不知道怎样才能表演出自然而又逼真的惊恐表情，一直对着镜子不断地练习，派克笑着说："没关系，其实这很简单，等一会儿你只要配合我就好，不要把它想得太复杂。"派克把剧情稍微改动了一下，故意做出一个危险的动作，赫本非常紧张，以为真的出了意外，她惊叫起来，连忙一把拉住派克，很顺利地就做出了惊恐的表情，导演对她的这段表演非常满意。

《罗马假日》的宣传海报刚刚做好的时候，派克仔细看了看上面的信息，他发现自己的名字非常醒目，而赫本的名字却被写在了海报的小角落里，很不起眼，他觉得这是对女演员的不尊重，于是找到了策划人，要求把赫本的名字写在最显眼的地方。策划人说："赫本的名气还不高，这样会影响票房的。"派克严肃地说："赫本的表演很出色，根本不会影响票房。"策划人没有办法，就把赫本的名字放在了第一位，而派克的名字仅居第二位，只起到一个陪衬的作用。

影片上映后反响很大，赫本一夜之间成为公众眼中的"公主"，而且还获得了好莱坞最佳女演员的大奖，她在颁奖时激动地说："这个礼物很珍贵，是派克送给我的。"而此时的派克则坐在台下微笑着为她鼓掌。

派克的绅士风度是由内而外散发出来的，他对女士的尊重也是发自内心的，所以才会受到广大影迷的喜爱。作为男孩，在女孩面前一定要表现得绅士一些，不但能够给女孩留下好印象，结交到更多的异性朋友，还能够在潜移默化中提高自己的道德水平。

想要做绅士就得注意自己的言行，不能随意地和女孩斗嘴，更不能对女孩动手。有的男孩喜欢和女孩打闹，经常揪女孩的辫子，虽然自己很高兴，但是女孩却非常讨厌他这种不友好的行为。有的男孩喜欢说粗话，即使在女孩面前也不知收敛，虽然女孩没有当面表示不满，但是，她们一定不会对这个男孩有什么好印象。

所以，如果你想做绅士，就要尊重女孩、宽容女孩、帮助女孩、体贴女孩。当你看到女孩搬不动桌子的时候，一定要主动去帮助她们；当你发现女孩闷闷不乐的时候，一定要想办法安慰她们；当女孩因为小事对你发脾气的时候，一定要忍住心里的怒火宽容她们。

在女孩面前学着做个绅士还能够提高你的道德水平。因为在和女孩相处的时候，绅士风度的制约会让你变得更文明、更礼貌，渐渐地，这种表面的文明、礼貌就会成为你的生活习惯，慢慢融入你的思想意识，从而提高你的道德水平。

成长有方法

1. 尽量克制自己不要和女孩吵闹，发生不愉快时要让着女孩，不能为一点小事和女孩斤斤计较。

2. 学会保护女孩，在班级集体活动中，要主动承担一些有危险性的事情，比如站在高处擦教室的门窗玻璃等。

3. 主动帮助女孩，不要对女孩的困难或者哭泣视而不见，应该给她们一些实际的帮助。

第十六节　热情地和熟人打招呼

丹尼尔刚走进校门就看见数学老师马克向他迎面走来，他不喜欢和别人打招呼，于是故意低下头，假装没有看见马克老师。可是，等两个人靠近的时候，马克老师却大声地说："丹尼尔，你的鞋子很酷啊！"他抬起头，不好意思地说："早上好，马克老师！"马克老师笑了笑，说："走路时不要总是低着头，小心撞着人。"丹尼尔尴尬地红了脸。

在走进教室的时候，同学杰克拍了一下他的肩膀，高兴地说："早上好，伙计！"他没有回应，只是看了杰克一眼，然后就走到了自己的座位上坐下。坐在他前面的艾丽回过身来对他说："刚才杰克和你打招呼呢，你怎么不理他？"丹尼尔满不在乎地说："我没有强迫他和我打招呼，所以没有必要理他。"艾丽不高兴地说："可是杰克刚才的表情很不开心，你应该去道个歉。"丹尼尔面无表情地说："没有这个必要。"艾丽很生气，没有再理会他。

下午放学的时候，丹尼尔又在路上碰到了杰克，他依然没有和杰克打招呼，而杰克还在为早上的事情生气，也故意假装没有看见丹尼尔。后来，班里很多同学看见丹尼尔都不会主动和他打招呼，慢慢地，丹尼尔就被同学们孤立起来了。

有一次，丹尼尔无意中听见同学们在议论他，一个同学说："他真是一个骄傲的家伙，从来都不主动和我们打招呼。"另一个同学又说："我觉得他是个冷血动物，完全体会不到别人的热情。"还有一个同学激愤地说："他对老师也很没有礼貌，经常对老师视而不见。"同学们你一句我一句地控诉着丹尼尔的"罪行"，丹尼尔从来都不知道，原来自己在同学们的心目中这么差劲，他觉得受了刺激，心里很不是滋味。

后来，为了改变自己的形象，他一见到熟悉的人就会主动打招呼，很多人也会热情地回应他，他这才感受到打招呼的乐趣。有一次他和一个同学打招呼，而那个同学却没有理睬他，他觉得很尴尬。这件事让他想起了杰克，他终于体会到了杰克当时的感受，于是找到杰克诚恳地向他道歉，杰克很爽快地原谅了他，两个人再也没有了隔阂，班里的同学也不再孤立他。

丹尼尔不主动和同学们打招呼，也不回应同学的友好，这种不礼貌的行为引起了同学们的不满，慢慢地大家就把他孤立了，不过好在他能亡羊补牢，及时挽回了和同学们之间的友谊。打招呼虽然只是一句寒暄、一个微笑的事情，却能让对方感受到你的尊重和热情，在人际交往的过程中很重要。

有些男孩不会主动和熟人打招呼，这其中的原因有很多，有的男孩是像丹尼尔一样不喜欢这种交际方式，而有的男孩则是因为自卑或者害羞，还有的男孩是有过被别人忽视的经历，心里留下了阴影，所以不愿意再和别人主动打招呼。无论原因是什么，都应该努力克服，因为在与人交往的过程里，打招呼是免不了的，不管是和长辈、同学还是以后工作中的伙伴相处，主动打招呼的人总会给人留下不错的印象。

主动打招呼能让自卑、害羞的男孩提高胆量，他们在迈出第一步的时候往往很困难，但是，只要有一次主动跟别人打招呼的经历他们就不会再那么恐惧了，而且很快就能适应这种交际方式，慢慢地，他们不但找到了胆量，还会找到自信。

打招呼也有一定的技巧，要因人、因地、因时而异。对长辈你要表现出尊敬，用语要礼貌，比如"您好"、"您慢走"等，对同学就可以随意一些，没有必要考虑得太多，只要表现得友好、热情就可以。如果你和熟人在比较热闹的场合碰到了，就可以开心地和他打招呼，但是倘若你在图书馆碰到了熟人，打招呼的时候就要轻声简短，不能打扰到其他同学。此外，早晨、中午、晚上打招呼时也可以适当变换你的招呼用语，只要应景应时就好，比如"来得真早"、"午饭吃的什么"等。如果你不知道该说什么好，那就看着对方点头微笑，既简单又礼貌。

成长有方法

1. 看见熟人时应该主动打招呼，不要害怕或者害羞，时间一长你就会把它当成一种习惯。

2. 招呼用语要因人、因地、因时而异，根据具体情况选择适当的用语，不要让对方觉得很别扭。

3. 不知道说什么话时可以点头微笑，同样也能体现你的礼貌和友好。

4. 在对方思考或与人交谈时尽量不要去打招呼，这样会打扰到对方。

64

第三章

成功男孩必须要做的 9 件事

　　每个男孩都梦想在将来能够做出一番大事业，成为一个有成就的人，但成功不能靠想象来实现，而要靠自己一步一步地去实践，并在实践的过程中锻炼自己的意志和勇气，让自己的内心变得更强大，增强自己的抗挫折能力和应变能力。只有立足现在，打好坚实的基础，以后的成功之路才会走得更顺利。成功始于足下，始于你生活中的每一件小事。

第一节 树立远大的理想

有一个美国男孩，他出生在纽约的贫民窟，家里很穷，父母每天都要拼命地赚钱，根本没有时间管教他，于是，他就和贫民窟的小混混们走在了一起，成天打架斗殴，有时还要做一些小偷小摸的事情。这让他父母很头疼。

在学校里他也从来不听老师的教导，逃课、捣乱是经常的事情。有一天，他溜出教室，打算翻墙出去找他的混混朋友们，可是刚爬到墙上就被主任抓住了。这个主任在学校里是出了名的火爆脾气，被同学们称为"魔鬼主任"，每个刺头学生都不敢轻易冒犯他。

他站在墙头上吓坏了，哆嗦着双腿。主任厉声说了一句："跳下来！"他只好从墙上一跃而下，准备任凭"魔鬼主任"处置。主任把他上下打量一番，然后突然大笑起来，说："你这个小子，反应挺快的，一看就是当州长的料。"小男孩听了很惊讶，就连他的父母也没有说过他能成为州长，他看着笑眯眯的"魔鬼主任"，大声地问："您确定吗？"主任说："当然确定，我的话从来都不会出错。"小男孩听了很高兴。

放学后小男孩跑回家，兴奋地对母亲说："我要成为纽约州的州长了，以后我们不用住在贫民窟了。"母亲疑惑地看着他，问："孩子，你这是怎么了？"他笑着说："我要当州长了，妈妈，您说州长是什么样子的？"母亲虽然不知道发生了什么事，但是，孩子能够有当州长的想法毕竟是好的，于是她就笑着回答孩子：

"州长都是聪明、有能力又有涵养的人。"

小男孩记住了母亲的话，他励志要成为一个聪明、有能力又有涵养的人，从此，他开始努力学习，改掉自己的坏习惯，一直为成为州长这个目标而努力。终于，功夫不负有心人，在51岁的时候，他被选举为纽约州的第53任州长，他就是罗杰·罗尔斯。

罗杰·罗尔斯虽然出身于贫民窟，但是从小就树立了要成为纽约州州长的远大理想，并为此不断努力，他终于在53岁的时候如愿以偿。由此可见，树立远大的理想能够成就一个人的事业，改变他的命运。

远大的理想是一个人奋斗的动力，一旦树立了理想他就会好好地把握现在，严格要求自己，不会再迷茫和懒惰。

查理·斯瓦布出生在宾夕法尼亚州的一个小山村，从小过着艰苦的生活，以赶马车为生，生活毫无指望。一次偶然的机会他进入了卡内基钢铁公司，虽然只是一名临时的苦力工，但是从进入公司的第一天起他就给自己树立了一个理想，他要成为卡内基钢铁公司的总经理。为了实现自己的目标，他任劳任怨，从不偷奸耍滑，领导非常欣赏他的工作态度，两年以后就让他加入了公司，成为公司的一名正式员工。当然，这只是查理的第一步，他的最终目标是成为总经理。后来，为了让自己成为一名全能型的员工，他不止做好自己的本职工作，还去其他部门进行学习，如此辛苦奋斗了十几年，终于成功地坐上了总经理的位置。

如果他没有树立远大的理想，只甘心做一个苦力工的话，可能一辈子都会生活在社会的底层，永远也看不到幸福的光芒。

想要成功就得树立远大的理想，这个理想要有一定的挑战性，不能太简单，但是也不能不符合实际情况，否则会给自己太大的压力。树立理想要有自己的个性，要符合自己的特长和喜好，不能盲目随大流。如果你比较适合做商人，那就不要学别人非得成为一名政治家，如果你是个做艺术家的料，那就不要迎合父母做一名数学家。总而言之，你树立的理想既要具有挑战性，也要符合自己的特质。

俗语说"有志之人立长志，无志之人常立志"，所以，你的理想一定要长远而坚定，不能朝令夕改，否则不会有太大的成就。

成长有方法

1. 根据自己的爱好和特长树立适合自己的远大理想，不要过多地参考别人的做法，也不要为迎合他人而强迫自己做不愿意做的事情。

2. 远大的理想是要有挑战性的，不能太简单，否则奋斗起来会没有动力。

3. 要时刻把理想放在自己的心里，严格要求自己，经常提醒自己不能松懈，更不可半途而废。

第二节 为自己制订一个小计划

阿诺·施瓦辛格从小立志要成为一名成功人士，但是，这个目标对一个出生在只有1 200人的贫困小镇的孩子来说实在是太遥远了。不过他没有放弃，因为他知道想成为成功人士至少还需要奋斗四十年，而四十年的时间足够让他成熟了。

为了实现目标，施瓦辛格制订了一个人生计划，他要从小事做起，先锻炼自己的身体，然后壮大自己的内心和财力，最后再逐步实现自己的愿望。

小镇子的生活很艰苦，即使每天都拼命干活依然很难解决温饱问题，施瓦辛格被这种生活折磨得非常瘦弱。他知道，没有哪个要员会像他一样骨瘦如柴，于是，他决定先让自己的身体变得强壮起来，然后再去和千千万万的人竞争。

他非常美慕运动员们挺拔而健壮的身体，于是，他计划让自己成为一名运动员。一次偶然的机会，他在学校外的小湖边碰到了体操运动联合会的主席库尔，他非常激动，对库尔说："先生，我想成为一名强壮的运动员。"库尔看了看他的身材，说："你有什么运动强项吗？"施瓦辛格摇摇头说："没有。"库尔笑道："年轻人，做个健美运动员怎么样？"施瓦辛格问："能让我变得强壮吗？"库尔笑道："当然可以。"于是，施瓦辛格走上了健美的道路。

在做健美运动员的日子里，施瓦辛格对自己的健美之路也有很好的计划，他从一开始就安排每天的锻炼时间、每年的锻炼成果以及最终要取得的成绩，而且每一步都走得很顺利，从第一次健美比赛的第六名到获得"欧洲先生"和"宇宙先生"的尊称，施瓦辛格的健美成就无一不在他的计划范围内。

自从"宇宙先生"的大名打响后，施瓦辛格就退出了健美界，转战影视圈，他想通过在影视业打拼为自己创造更多的财富，赢得更多人的喜爱和支持，而且他也做到了，他塑造的硬汉形象吸引了很多影迷。

拥有一定的财富和人气后，施瓦辛格毅然离开了影视圈，准备进入政界，几番努力之后，终于在2003年成功地就任加利福尼亚州的州长，而且政绩卓著，受到加州人民的爱戴。

施瓦辛格的成功源自他合理的人生计划，不论每个阶段做什么，他都能安排好自己要走的路，而且每个阶段都能达到他预想的目标，所以，想要成功，光有远大的理想还不够，还要有合理的计划。如果把人生当作一次寻宝的历程，那么理想就是你要找到的宝藏，而计划却是你手中的图纸和指南针，没有图纸和指南针你就无法准确地找到宝藏的位置，所以，计划必不可少。

合理的计划能够充实你的生活，激励你不断地进步。倘若一个人没有计划，那么他的生活就会太随意，也很容易放松对自己的要求，慢慢地就会变得懒惰、懈怠，一个懒惰而懈怠的人是无法实现理想的。合理的计划还能够帮助你验证自己的努力成果，如果实际的成果比计划要好，那么你就可以适当地提高对自己的要求，这样才能刺激自己进步。如若实际的成果不如计划好，那么你就要总结教训，或者把要求降低一点，或者改变自己的办事方法，争取在下一个阶段提高效率。

既然计划必不可少，那就要学会给自己制订一个合理的计划。这个计划要符合你自身的具体情况，时间安排不能太紧也不可太松，难度不能太大也不可太小，要综合考虑自己的学习能力、适应能力和身体素质，不要让自己的压力太大，否则会产生厌倦心理，容易半途而废。

这个计划还要有可行性，应该具体一些，看起来清晰明了，不能太模糊或者太理想化，否则实践起来会没有依据。计划还要有一定的灵活性，俗话说"计划没有变化快"，不能一切都按照原来的计划走，随着时间的推移，有些情况会发生改变，所以要对计划进行弹性地调整，在保证大方向的情况下改变小细节，让最终的效果达到最好。

成长有方法

1. 先列出自己大方向上的计划，然后再分阶段计划自己要走的路，让远大的理想一步一步地实现。

2. 制订的计划要符合自己的具体情况，你应该综合考虑自己各方面的能力，不能让自己太轻松，也不可以让自己压力太大。

3. 计划是可以随着具体情况进行调整的，要灵活地为自己制订计划，不能太死板。

第三节　大胆走出计划的第一步

课间的时候，王强一直坐在座位上发呆，同桌看见后很惊讶，他笑着问："你在想什么？"

王强说："我想参加一次数学奥林匹克比赛，可是越想越觉得不可能。"

同桌疑惑地问："你为什么突然想参加这个比赛呢？"

王强叹了口气，沮丧地说："我昨天给自己制订了一个学习计划，第一个目标就是在一次数学奥林匹克大赛中获奖，可这完全不可能啊！"

同桌说道："其实很有可能。你看咱们班的李克，以前英语从来没有及过格，可是在上次的英语作文比赛中还获奖了呢！"

王强还是没有自信，垂头丧气地说："我还是不敢想象，怎么也没办法迈出第一步，一想起每天都要面对一堆数字我就头疼。"

同桌拍拍他的肩膀，笑道："其实没有这么困难的，我来帮你。"

王强看着他兴奋的样子，问："真的有这个可能吗？"

同桌肯定地说："当然，一切皆有可能。"

放学后，同桌带着他去学校附近的书店买了几本参考书，他说："数学老师说了，这几本书是最好的，只要把书上的题目都琢磨透彻，保证你能得奖。"

王强听了很兴奋，但是，他刚翻开几页就皱着眉说："这么难的题目，我怎么能学会啊？"

同桌笑道："我跟你一起学，每天监督你，有难题我们就去找老师。"

王强高兴地说："好，有个人做伴就有趣多了。"

在接下来的几个月里，王强在同桌的监督和帮助下解决了很多难题。比赛前一天，王强翻了翻这几本参考书，惊讶地说："我从来没有做过这么多数学题，而且都做出来了！"

同桌也有同感，道："其实我开始也不敢确定自己能陪你坚持多久，谁知道时间这么快就过去了。"

王强的努力没有白费，他在这次比赛中获得了优秀奖，拿到奖状后，他跑回教室兴奋地对同桌说："我得奖了，这都是你的功劳！"

同桌笑道："这回你明白了吧，只要肯走出第一步，成功的机会是很大的。"王强笑着点点头，非常感激同桌的鼓励和帮助。

王强在同桌的帮助下勇敢地走出了第一步，并且完成了自己的第一个学习目标。许多人都有自己的计划，不论是人生计划还是学习计划，如果不敢走出第一步的话，那就很难成功，其实只要迈出一步，你和成功的差距就会缩小一步。

走出计划的第一步是需要勇气的，你也许会觉得自己的理想太遥远，所以一直不敢迈出第一步，其实完全不需要有这些顾虑，奥巴马小时候也并不知道自己将来会成为美国总统，所以你要做的就是大胆地往前走。如果一直无法鼓起勇气，那就多看一些成功人士的奋斗历程，看看他们是怎么走出第一步的。

迈出第一步还需要自信，很多走不出第一步的人都对自己的计划表示怀疑，他们总是觉得一切都不太可能，其实，只要你愿意思考和付出，很多事情都是有可能的。

布鲁金斯学会经常出一些难题来考验学员的推销能力，有一次，策划人员又想出了一个难题，让学员把一把旧式的斧头推销给布什总统。很多学员都觉得不可思议，一位总统怎么会买一把斧头呢，根本就没有什么用处，大家都没有勇气去尝试。可是有一位名叫乔治的学员却不这么认为，他认真地思考了一下布什的情况，发现他有一个农场，而且农场里种着很多树。乔治亲自去农场走了一遭，看到有些树木已经枯死了，他想，布什总统一定会修整这些树木的，只是用什么工具的问题罢了。于是，他就给布什总统写了一封信，向他介绍了农场的情况，然后又分析了用旧式斧头砍树的好处。布什总统看到这封信之后觉得很有道理，直接给他寄去了20美元，买下了他这把一般人都不会买的旧式斧头。

如若乔治像其他学员一样觉得这件事不可能完成的话，那么他就不会成为"最伟大的销售员"之一。

成长有方法

1. 克服自己不敢走出第一步的恐惧心理，给自己一些心理暗示，提醒自己，"走出第一步就离成功近了一步"。

2. 找个朋友帮助自己，让朋友扮演一下监察员的角色，经常督促和鼓励你。

3. 为第一步多做一些准备，有了一定的基础后你就会更加自信，自然不会为走出第一步而感到恐惧。

第四节　越是遇到困难越要高兴

克拉克是个作家，他非常热爱打猎，每年夏天都要去非洲大草原和那里的猛兽"搏斗"，其实他的狩猎技术并不好，每次都以失败而告终，有时还会遇到危险，但是他从来没有放弃过自己的爱好。

有一年夏天，他只身一人来到非洲，在当地高薪聘请了一名向导，他对向导说："我要去草原会一会老朋友们。"

向导疑惑地问："那里怎么会有你的朋友呢？那里都是狮子、豹子。"

克拉克笑道："我说的就是它们。"

他们在临近草原的小林子里搭了个帐篷，一天傍晚，他和向导正在帐篷里准备晚饭，突然听到一声野兽的吼叫，向导往外一看，顿时吓得目瞪口呆，一只强壮的雄狮正在朝他们走来。

克拉克看见狮子后高兴地说："我头一次遇到这么强壮的雄狮！"

向导带着哭腔说："你确定自己没有被吓疯吗，我们这回死定了！"

克拉克笑道："别胡说，这可是咱们的运气。"

狮子一步一步地向他们走来，向导已经哭了出来，腿一直在哆嗦，克拉克也很紧张，但是他知道，只要能顺利地把这只雄狮赶走，这次非洲之旅就会非常完美，他的探险小说也会写得更加精彩。克拉克想象着自己将会拥有的财富，心里很高兴。他扫了一眼帐篷里的摆设，迅速找到先前准备好的猎枪，于是端起猎枪笑着对狮子说："伙计，只要你掉头离开，我可以饶你一命。"他虽然喜欢打猎，但从来没有伤害过一只动物，他只是喜欢打猎带来的刺激。滑稽的是，狮子好像听懂了他的话，不一会儿就调转方向离开了。

克拉克非常兴奋，他对吓得不能动弹的向导说："伙计，没事了！"

向导刚刚回过神来，生气地说："我不干了，太危险了！"

克拉克笑道："高兴点，以后再见到狮子你就不会这么害怕了。"

从非洲回来以后，克拉克带着热情写完了他的探险小说，这本小说也受到了很多读者的喜爱。

克拉克面对雄狮的威胁不但没有害怕，反而高兴地畅想着赶走雄狮后的成就感，他在紧张的环境里沉着冷静，就算手里端着猎枪也没有射杀雄狮，最后顺利地脱离了险境。这就告诉我们，遇到困难时不要伤心、恐惧，要高兴地迎接挑战，让这次困难给我们带来财富。

在面对困难的时候，高兴的精神状态更容易让人产生积极热情的态度，而且在解决问题的时候头脑会更加清晰，方式会更加理智。

王先生家刚刚装修完，可是卫生间的水管居然漏水了，他非常苦恼，打算打电话投诉装修公司。九岁的儿子看见他烦闷的样子就说："爸爸，遇到困难的时候一定要高兴一点。"他觉得儿子的话很有意思，就问："为什么呢?"儿子认真地说："老师说这叫'吃一堑长一智'。"他听了儿子的话便笑了，心想，这么简单的道理居然还需要儿子来教，真是枉做了大人。然后他拿起电话打给装修公司，礼貌地请他们来进行维修。以后每遇到困难他都会想起儿子的话，再也不会愁眉苦脸，不会冲动。

每解决一次问题你就会多一点人生智慧，想想它给你带来的好处，你自然就会高兴起来了。

抗日战争时期，日军将魔爪伸向了湘西，湘西的百姓奋起抗争，很多孩子的父母都在战争中牺牲了。一位老人可怜这些无依无靠的孩子，就把他们接到自己的家里。他总是想办法逗孩子们开心，让孩子们忘记失去亲人的痛苦，忘记战争带来的苦难，尽管外面战火不断，但老人和孩子们每天都过得很开心。有个孩子问他："爷爷，外面死了很多人，为什么我们还要高兴呢？"他说："因为哭哭啼啼的也解决不了问题，倒不如高高兴兴地过好自己的每一天。"战争结束后，很多人依然活在痛苦的回忆里，而这群孩子却一直过得很快乐。

所以，高兴地面对困难能够帮助你忘记生活中的苦难，让你对生活充满希望和热情，给你带来不一样的人生。

成长有方法

1. 遇到困难的时候想一想它将会给你带来的财富，然后用迎接财富的心情来面对现在的困难。

2. 在困难面前，用心去比较高兴和痛苦给自己带来的影响，既然痛苦不能有效地解决问题，那就高兴地迎接挑战。

3. 把遇到困难时的痛苦写在日记里，发泄一下自己的情绪，然后合上日记本，高兴地面对困难。

4. 痛苦时强迫自己大声笑出来，让笑声改变自己的情绪。

第五节　接受一次别人的帮助

法国著名历史学家托克维尔出生在一个贵族家庭，从小就过着锦衣玉食的生活，他饱读诗书，非常有见识，连国王都很赏识他，在他21岁的时候，国王给了他一个既轻松又有面子的职位。但是，托克维尔并不满意，他不喜欢这种没有新鲜感的生活，与法国的陈旧相比，他更喜欢美国的活跃和自由，于是毅然辞去了职位，只身一人去了美国。

在法国他是贵族，而在美国他却是一个极其普通的欧洲外来者，来到美国之后他没有受到当地人的礼遇，生活并不富裕。他对美国的历史很感兴趣，一直痴迷于对美国历史的研究，但是经常遇到困难。

　　有一次，他把自己的研究成果拿给美国一位知名的历史学家看，谁知这位历史学家对他的观点很不认同，嘲笑他说："一个法国小子居然敢研究美国的历史，你不觉得可笑吗？"这句话让托克维尔非常难为情，他拿起自己的稿子愤然离开了历史学家的办公室，决定放弃对美国历史的研究。好朋友克尔格雷知道后找到他，说："你的研究非常不错，怎么能放弃呢？"托克维尔沮丧地说："我的研究连美国人都不认可，根本就没有什么价值。"克尔格雷劝道："那只是一个人的见解罢了，你要知道，无论是怎样的言论，总会有人认可的，不要轻易放弃。"托克维尔接受了他的劝导，继续自己的研究。

　　后来，在论及美国民主的弊端时，美国领导阶层的很多人都反对他，这给了他很大的精神压力，他差点就失去了坚持自我的勇气，就在他陷入痛苦中时，好朋友斯托菲尔勇敢地站出来，对反对者说："他不过是说了几句实话而已，你们的言论是在亵渎美国的民主和自由。"斯托菲尔的支持让托克维尔重新找回了勇气，他坚持了自己的观点，并不断地深入探讨，终于在1835年完成了《论美国的民主》，这本书一出版就获得很多好评。

　　托克维尔虽然很有能力，不惜放弃贵族身份在美国奋斗自己的事业，但是，如果没有朋友的帮助，他可能就不会有这么高的成就。由此可见，一个人的力量是有限的，在走向成功的道路上，要适当地接受别人的帮助。

　　在解决问题时，接受别人的帮助往往能起到事半功倍的效果。

一次，美术老师让一位同学画一幅同学们在操场上活动的图，而且三天内必须完成。他的美术功底很一般，这个任务对他来说确实是个难题。他一下课就趴在桌子上涂涂改改，一直也画不好，同学甲看见他在为画人物而发愁，就说："我帮你吧，我的人物画得还行。"后来，同学乙看见他因为画不好操场的场景而抓耳挠腮，就说："我帮你吧，我会画场景。"都画好以后，同学丙发现他拿着彩笔不敢下手，就说："我帮你吧，我学过上颜色。"就这样，在多位同学的帮助下，原本需要三天才能完成的任务他只用了一天的时间，他提前把画交给了老师。

其实，接受别人的帮助也是一种善良的举动。人们经常说助人为乐，但是如果对方不接受你的帮助，你的乐又从何而来呢？所以，当别人主动提出要帮助你，而你正好又需要帮助的时候，千万不要辜负对方的好意，自己硬撑着，这样对自己没有任何好处。

有一位年轻人，他去一个小山区游玩，下午的时候天空突然乌云密布，眼看就要下大雨了。他经过一户人家的时候，主人对他说："年轻人，在我家里歇一晚吧，下雨天走山路不安全。"他推辞说："不用了，这雨下不大的。"主人几番苦留都没能留住他，他走后，主人生气地说："真是不听劝，以为我骗你啊！"结果年轻人刚走了一半的路程天就下起大雨，山上的泥土和石块在雨水地冲刷下滑落下来挡住了他的去路，他很后悔没有接受那个人的帮助，便原路返回找到那户人家。还好那个主人没有计较，让他借宿了一晚。

所以，遇到困难的时候要理智地接受别人的帮助，这样既不会辜负对方的热情，也避免了让自己在困境中忍受痛苦。

79

成长有方法

1. 如果有人愿意主动帮助你，而你正好又需要帮助的时候，应该热情地接受对方的好意，这样既能解决自己的困难，又能让对方很有成就感。

2. 在遇到困难的时候不要一味地依靠自己的力量，应该主动寻求帮助，能够恰当地依靠他人的帮助来解决问题也是一种智慧。

3. 了解朋友的长处和个性，寻求帮助时能够更直接有效。

第六节　给自己找一个学习的榜样

他的事业很不顺利，四十几岁的时候又被老板炒了鱿鱼，经济状况非常糟糕，连房租都已经负担不起了，他的儿子已经到了上学的年龄，可是他根本没有钱支付孩子的学费，妻子对他完全失去了信心，便领着九岁的孩子离开了他。

家庭破碎之后他一蹶不振，不是去酒吧喝廉价酒就是整天窝在自己租的小房子里，活得如同行尸走肉一般。

一天，他从破旧的小酒吧里出来，不经意间抬头看了看天空，他已经很久没有看过天空了。今天的天空好像被雨水洗过一样，干净、清明，阳光也特别灿烂。

这一切的美好让他暂时忘记了自己的处境，他仰着头，尽情地享受着阳光的爱抚。忽然一丝冷风掠过，他从片刻的美好中清醒过来，又想起了破碎的家庭和窘迫的经济状况，心里非常痛苦，满面愁容。

这时，一个小男孩走过来拉拉他的衣角，仰着头对他说：

"叔叔，你长得很像拿破仑，就是那个大英雄。"

他蹲下身问："孩子，你觉得哪儿最像呢？"

小男孩认真地说："哪儿都像，简直是一模一样。"

他虽然知道小男孩的话并不可信，但是，他突然意识到自己好像就是拿破仑，心里的痛苦顿时减轻了许多。他冲小男孩笑了笑，说："也许我真的就是拿破仑呢！"然后带着一丝喜悦离开了。

回到家后，他翻出一本《拿破仑传》认真阅读，渐渐地，他发现拿破仑的精神慢慢渗进了自己的身体里，他的全身都充满了力量，对生活也有了热情，于是他决定以拿破仑为榜样，要做一番大事业。

从此他开始了自己的奋斗历程，只要遇到困难他就会想，"拿破仑不会放弃，我也不会。"凭着百折不挠的精神，他终于创造出巨大的财富，最后与妻子和孩子团聚了，一家人过着幸福的生活。

因为有了拿破仑这个榜样，这位失意的人才会重新振作起来，并且创造出巨大的财富，可见，榜样的力量是伟大的。如果你也想像这位法国人一样成为一名成功人士，那就给自己找一个榜样吧，从现在开始就向他学习，让他的精神鼓励你不断进步。

俗话说"近朱者赤，近墨者黑"，要想成功，就应该多了解一些成功人士的奋斗故事，让他们的精神事迹感染你，从而改变你的思维和行为方式。当你把一个人当作榜样之后，你就会从行为和思维上去模仿他，逐渐地，你会抛却以前的懒惰和随意，变成一个有理想、有追求的人。

榜样能够给你前进的勇气和力量，还会指引你的奋斗方向。

约里奥·居里是居里夫人的女婿，他从小就非常崇敬居里夫妇，一直把他们当作学习的榜样，甚至从杂志上剪下他们工作时的图片贴在自己卧室的墙上，让他们的精神鼓励自己努力学习。他非常热爱科学研究，并以考上巴黎理化学校为目标，因为居里夫妇曾经在那里奋斗过。在上学期间，每次实验遇到困难时他都会想起居里夫妇永不言败的精神，这种精神也一直激励着他，最终他以优异的成绩从学校毕业。

后来居里夫妇创建的镭研所需要人手，他得知消息后第一时间跑去报了名，他凭着出色的表现被居里夫人录用了。在镭研所，他认识了居里夫妇的女儿伊伦，伊伦认真而严谨的工作态度深深吸引了他，最后他们相爱并结婚了。婚后的约里奥和伊伦以居里夫妇为榜样，终生为科学事业奋斗着，1935年他们获得了诺贝尔化学奖。约里奥以居里夫妇为榜样，时刻用他们顽强的精神来鼓舞自己，并一直朝着居里夫妇发展的方向走，最终和居里夫妇走到了一起，共同进行科学研究。

学习榜样并不是一种简单的模仿，要让他们的精神融入你的体内，否则你只能学到一些皮毛。就好比一些盲目追星的人，他们总是把学习停留在表面，只注重模仿名人的装束，根本不去体会这些名人成名过程中的艰辛，所以到最后他们也没有取得什么进步。

成长有方法

1. 读一些名人传记，找一个自己非常崇敬的名人当作榜样，这样你才会有向他学习的动力。

2. 学习榜样要以学习他们的精神为主，不要只停留在表面，学一些皮毛，这样并不利于自己的提升。

3. 学习榜样的时候要理智一点，不能什么都学，要挑适合自己的、对自己有利的方面学习。

第七节　参加一次学校组织的文艺活动

元旦快要到了，学校正在筹备联欢晚会的事情，各班的文娱委员也都忙得团团转。今天八年级三班的文娱委员又催促同学们说："大家积极一点，重在参与。"可是同学们一个个都低着头，文娱委员很苦恼。为了激起同学们的热情，文娱委员只好说："班主任已经承诺了，凡是参加过联欢会的同学，期末考试的成绩给多加二十分。"

这个条件很诱人，一下子就引起了张晓宇的兴趣，因为他的学习成绩一向不好，每次考完试都不敢把试卷拿给父母看。一听到要加分他就兴奋起来，从座位上一跃而起，高举着手大声说："我参加，我参加！"

同学们刚才还在唧唧喳喳地讨论，现在都回过头来看着张晓宇。文娱委员高兴地问："好，你表演什么节目？"张晓宇一下子就傻了，因为他根本不知道自己有什么才艺，只好难为情地说："等我想好了再告诉你。"同学们听了都哈哈大笑起来，大家从来没有听说过他有什么才艺。

张晓宇一直在思考，"我到底有什么才艺呢？"好朋友赵凡提醒他说："你小时候不是学过口琴吗？"张晓宇恍然大悟，"对啊，我就吹口琴吧，就吹那首《莫斯科郊外的晚上》。"

元旦晚会到了，张晓宇非常紧张，当主持人说"请欣赏下一个节目，口琴独奏《莫斯科郊外的晚上》"时，他站在出场口僵住了，不敢再往前走。

文娱委员着急地说："别紧张，你闭着眼睛表演自己的，不要有太多顾虑。"他听了文娱委员的话之后，闭着眼睛硬是拖着自己的双腿走到了舞台上，然后开始表演。

　　他陶醉在自己吹奏出的乐曲里，完全忘记了观众的存在，等他演奏完毕，台下突然爆发出雷鸣般的掌声。他睁开眼睛一看，同学们都在给他鼓掌呢，从来没有得到过这么多人的肯定，他的心里美滋滋的。有了这次经历以后，他经常报名参加学校的各种文艺活动，成了学校的"口琴王子"。

　　如果没有参加这次联欢晚会，张晓宇可能永远都记不起来自己还会吹口琴，更不会因此而成为同学们眼中的"口琴王子"。所以一定要把握住机会，主动参加一次学校组织的文艺活动，充分挖掘出自己的文艺才能。

　　参加文艺活动能够激活你的艺术细胞，帮助你找到适合自己的才艺。很多人都说自己没有才艺，其实他们只是没有把自己的才艺激发出来，如果强迫自己参加一次文艺活动，你就会寻找到隐藏在自己身体里的艺术细胞，并逐渐发现自己的爱好和特长，然后将它们表现出来。

　　多参加几次文艺活动能够很好地锻炼自己的胆量和自信。当你站在舞台上，面对着数百名观众时，心里肯定会感到紧张，如果你能够顶住观众带来的压力，顺利地完成自己的表演，那么慢慢地你的胆量就会变大。当你的表演得到观众的认可时，他们热烈的掌声一定会让你很有成就感，这样一来你就会对自己充满信心，而且还会盼望着能有机会再展示一次自己的才艺。

　　其实，参加文艺活动最大的好处应该是能够愉悦身心，所以你在参加时千万不要有太强烈的目的性，否则会把这种娱乐方式变成一种压力，这样你就无法体会到它给你带来的乐趣。还有，要正确看待观众的反应，无论你的表演是否成功，这都只是一次经历，观众喜欢也好，不喜欢也罢，你都要理智地处理自己的情绪。不要像有的歌星，他在表演结束后得到的不是观众的掌声而是嘘声，一气之下就摔坏了自己的乐器，在舞台上闹起了情绪，其实这样的举动更容易引起观众的反感。如果你的表演失败了，那就向观众道个歉，或者开句玩笑逗大家开心，这样的收场倒能给大家留下好印象。

成长有方法

1. 平时多注意培养自己的才艺，在参加文艺活动时才能够更积极主动，而且表现得也会更自信。

2. 表演时放松心情，一定要让自己开心，不能有太强烈的目的性，否则你会觉得疲惫不堪。

3. 理智地对待观众的反应，如果得到了掌声就要感谢观众的认可，如果得到的是观众的嘘声，那就应该诚恳地向观众表示歉意，强调自己还需要练习，给观众留下一个好印象。

第八节　参加一次辩论赛

爱德华是班里的优等生，他一直自命不凡，经常不把其他同学放在眼里。一次，学校突然要举行辩论赛，很多同学都报名参加了，爱德华当然也不能落后。知道辩论的题目后同学们都开始紧张地做着准备，而爱德华却非常轻松，他想："我就算不做任何准备也一定能打败你们。"

辩论赛很快就开始了，各个辩论小组都聚集到了一起，比赛以抽签的方式决定自己的对手，爱德华代表小组成员去抽签，正好抽到了一支非常强大的小组。

铃声一响，对方的一辩妙语连珠，非常清晰地阐述了自己的观点，而且有理有据。作为一辩的爱德华虽然不甘示弱，但是由于准备不够充分，他的理论并不成熟，第一局就落后了。

在接下来的几轮辩论中，爱德华和小组成员的表现还算差强人意，但是到自由辩论的环节时，爱德华发现自己的反应突然变慢了，他无法准确地判断对方观点的正误，有时甚至没有听懂对方要表达的意思，在驳斥对方的观点时出了不少笑话，这让他非常难为情。

第一场辩论结束后，爱德华很受打击，他没有想到自己的辩论技术这么差劲，于是静下心来总结自己的缺点，准备继续迎接下一个辩论小组。后来他吸取了教训，在听对方的表达时非常认真，不肯放过任何一个词语，并努力找出他们的破绽，然后驳斥对方的观点，在小组成员的合作下，他们赢得了这一场比赛。

爱德华的小组经过几番奋战终于挤进了决赛，他们又和第一个强劲的对手碰了面，由于第一场辩论出现了太多的失误，爱德华在面对他们的时候突然失去了自信，表现得非常拘束，整个辩论的过程主要是其他三名同学在表演，爱德华只是一个配角。不过这一次他们赢了，并且获得了辩论赛的冠军。

经过这次辩论赛，爱德华认识到了自己在性格和能力上的缺陷，再也不会目中无人了。

一次辩论赛让爱德华认识到了自己的不足，同时也锻炼了他的思维能力和表达能力，更让他认识到了集体的力量，如果没有小组成员的帮助，他根本就无法完成这次比赛。所以，在上学期间一定要参加一次辩论赛，体验一下语言和思维给你带来的乐趣和收获。

参加辩论赛能够很好地锻炼你的思维和表达能力。在辩论的过程中，你除了要立足自己的观点外，还要思考对方的观点，学会逆向思维，不能被对方的说法左右。一个人不论思维反应多么灵敏，如果不会表达自己的观点同样会显得笨拙，而且在辩论赛中尤其没有优势。其实表达能力不是几次辩论赛就能培养起来的，一定要在平时加强训练。

参加辩论赛能够提高你的注意力和判断力，在和对方进行辩论的时候，如果注意力不够集中，那么你就无法全面地认识对方的观点，在对他们的观点做出判断时就会出现错误，直接影响辩论的成绩。当然，如果你全面地认识了对方的观点，却没有及时做出正确的判断，这种情况也会让你输掉比赛。所以，参加辩论赛能够很好地提高你的注意力和判断力。

参加辩论赛还能让你增强集体意识，认识到合作的重要性。每次辩论赛都需要四个伙伴的相互配合，如果各自为战，那么你们小组的力量就会被削弱。所以，不论你们的实力如何，都不能缺少集体意识，一定要重视伙伴的力量。

　　此外，参加辩论赛也能够扩展你的知识面。在准备辩论赛的过程中，你会去收集很多资料，了解和学习一些相关的知识。而且在与对方辩论的过程中，你也能接收到来自对方不同的认识，可以帮助你更全面地认识问题，增加你的见识。

成长有方法

　　1. 平时加强练习自己的表达能力，经常读伟人的演讲稿，或者找出一个论题，自己和自己辩论。

　　2. 关注各方面的知识，要博学，扩展自己的知识面。

　　3. 注意各种容易引起争论的话题，自己试着去从正反两方面去分析，练习自己的思维能力。

　　4. 辩论赛结束后要善于总结自己的优势和缺点，注意查漏补缺，增强自己的能力。

第九节　弹性地调整自己的计划

　　有一个人，自从上了大学以后，就立志要成为一位闻名遐迩的作家。为了实现自己的梦想，他给自己制订了一个人生计划，计划中清楚地写明了每天要读多少书，每个星期要写多少字的文章，如此坚持了两年。

　　他不停地进行创作，可是投到杂志社和报社的文章却没有一篇被刊载过。他虽然很失望，但却不想就这么放弃。一次，他拿着自己写好的稿子找到一家报社，对主编说："先生，您看一下

87

这篇文章，是否有刊载的价值？"

主编接过稿子看了看，笑着说："年轻人，你的文章倒不如你的学问好。"

他疑惑地问："您的意思是……"

主编说："你写的是小说，可是情节和人物都不突出，不过里面的知识倒是很丰富，我看你不适合当作家，试着做一下文学研究吧。"

他以为主编年纪大了，思想认识太古板，就把稿子拿给同学们看，大家看了都说："你的小说太没有意思了，全是理论，谁看得下去啊！"

他听了大家的评价，仔细读了读自己的文章，他觉得并没有同学们说得那么差劲，他仔细考虑后想，也许我真的不太适合当作家，于是就把自己的计划修改了一下，把每个星期写三篇小说改成写一篇文学研究。持续几个月后，他发现自己对文学研究越来越感兴趣，整天泡在图书馆里翻阅各种有关文学理论的书籍，而且还对前人的著述提出了不同的看法，探讨得非常深入。

有一次，他把自己的研究成果写成文章投到了杂志社，不久杂志就刊登了这篇作品，他非常兴奋，对自己的研究越来越有信心。大学毕业后他继续努力地钻研，挖掘出很多文学理论的漏洞，而且一一查漏补缺，最后写成了一本厚重的文学理论书籍，并在研究的道路上一直走下去，取得了非凡的成就。

这个人对自己的人生计划做了相应的调整，而这次调整却起到了很大的作用，不但让他从苦闷中解脱出来，还成就了他的一生。因此，无论是在今后的人生道路上还是在眼前的学习过程中，适时、合理地调整计划是很有必要的，既能提高自己的效率，又可以更好地实现自己的价值。

计划是指引你前进的方向标，但是，并不代表你就要被这个"方向标"左右。计划一定要有灵活性，俗话说"计划没有变化快"，随着时间的推移，很多情况都会发生变化。

有一个年轻人，他计划骑着单车来一次远游，原定的路线是从河北一直向西走，抵达甘肃后向南行，到达四川之后再一路向东，最后从江苏北上回家。可是，刚走到山西的时候就有一段公路在整修，恐怕要耽误个把月的时间，这时候，他就改变路线直接向南走，绕道北上甘肃，并没有影响他的行程。而且途中经常遇到道路受阻的情况，他做出了多次的调整才顺利完成了自己的旅行。

所以我们在执行中不能一切都按照原来的计划走，要对计划进行适度地做出调整，在保证大方向不变的情况下做些改变，这样才能更好地实现自己的目标。

有时候你制订的计划并不适合自身条件的发展，或者会影响你的发展，那么就要抛弃一些不合理的计划，找准自己的发展方向，更好地实现自己的价值。

诺基亚的领导人曾经计划让公司全面发展，不但立足手机行业，还经营了制药厂、化工厂、造纸厂等。但是，由于战线拉得太长，诺基亚的经营受到了很大的影响。领导人仔细考虑后发现了问题的所在，及时调整计划，放弃了对化工厂、制药厂等的经营，只专注于手机行业，这才保住了诺基亚的"性命"。

所以，计划要根据具体情况进行删改，一定要有利于自身的发展，这并不是放弃，而是有智慧地选择。

成长有方法

1. 按照计划行动以后要经常总结自己的进度和心得，不断思考计划的可行性，要果断地对不合理的计划进行修改。

2. 经常和同学们交流自己的计划，把大家的意见用来作参考，帮助你对计划进行完善。

3. 实施计划时如果发现问题，而自己又无法解决的话，一定要向师长请教，他们能够给你一些更实用的建议。

第四章

好成绩的男孩需要做的 13 件事

　　不想当将军的士兵不是好士兵，不想成为优等生的学生也不是好学生。从小学一年级开始，很多学生都想成为班里的 Number One（第一名），但是，有的学生失败几次之后，就放弃了对它的追求，学习积极性也降低了，以致成绩越来越落后。其实，人人都可以是优等生，只要找对方法、刻苦努力，进步是迟早的事。是男孩就应该迎难而上，争做优等生。

第一节　尝试着坐在教室的第一排

有个人小时候很胆小，经常不敢在课堂上发言，而且也不主动和老师交谈。虽然个子不高，但他总是坐在后两排，因为这样就不会和老师有近距离的接触，心里也不会感到恐惧。

新学期开始了，班里重新调换了座位，班主任居然把他安排在第一排。刚开始他非常紧张，上课时总是低着头，很少抬头看黑板。

一个星期过后，班主任找到他说："很多老师向我反映，说你上课不注意听讲，是这样吗？"

他怯生生地说："没有，我听得很认真。"

班主任严肃地说："那你为什么一直低着头呢，老师讲的内容很无聊吗？"

他赶紧回答道："不，老师讲得很精彩。"

班主任困惑地看着他，他知道，现在必须把真相告诉老师，于是鼓起勇气说："老师，我不敢坐在第一排，太可怕了。"

班主任听了不禁笑起来，拍着他的肩膀说："原来是这样啊，为什么不早点告诉我呢？"

他红着脸，不好意思地说："我不敢和您说话。"

班主任笑道："告诉你一个秘密，其实我是特意把你安排在第一排的，这是我给你的奖励。"

他疑惑地问："什么奖励？"

93

班主任解释说："你知道撒切尔夫人吗？"

他点点头说："她是英国的首相，一位了不起的女性。"

班主任笑着说："对，她非常了不起。那你知道她为什么这么出色吗？"

他摇摇头，班主任继续说："因为上学的时候她一直坐在教室的第一排，坐在第一排就是暗示她，她永远都会是第一名，所以她才有这么高的成就。我希望你将来也能有这么高的成就。"

他听了很受鼓舞，决定勇敢地接受老师的奖励。于是，他每天都会高高地抬起头，忘记心里的恐惧，把所有的注意力都转移到学习上。最后，他考上了知名大学，后来还成为大学的一位知名教授。

故事里的主人公勇敢地接受第一排的位子后，学习效率提高了许多，最终以优异的成绩考入了大学，几年后还成为大学的知名教授。由此我们可以看出，尝试着坐在教室的第一排，不但能够锻炼自己的胆量和自信，还可以提高自己的学习成绩。

坐在第一排的学生和老师的距离比较近，在老师的监督下，他们上课开小差的几率就会降低，听课时注意力也会比坐在后排的同学要集中，所以学习效率比较高，成绩也比较好。

坐在第一排的同学最容易成为老师的"宠儿"。因为新学期老师对很多同学都比较陌生，由于不清楚班里同学的名字，上课时他们会经常提问第一排的同学，渐渐地，老师和第一排的同学就会比较熟悉，有什么趣事也经常和他们讲。基于这种特殊的友谊，老师们总是很关心他们的学习成绩，而且经常主动给他们补课，只要他们肯接受老师的"提拔"，学习成绩通常都会比较好。

坐在第一排还有一个好处，那就是有利于你结交朋友。事实证明，第一排的同学最容易被其他同学认识，因为他们上课回答问题的几率比较高，而且位置也非常明显，只要一站起来就会被所有的同学看见，大家对他们的印象也会比较深，因此他们结交新朋友的难度就比一般的同学低。

　　有的男孩经常坐在最后一排，除了身高的原因之外，他们还对第一排的位置有恐惧心理，有的是害怕被老师提问，有的是害怕被后面的同学注视，总之就是觉得不自由。其实，这是不自信的表现。一个成绩非常优异、人缘非常好的学生又怎么会害怕被老师提问、被同学们注视呢？如果你想成为一个出色的学生，那就尝试坐在教室的第一排，勇敢地接受老师的"宠爱"和同学们的"关注"，慢慢培养自己的信心和勇气，在成长的道路上不断进步。

成长有方法

　　1. 主动向老师提出坐在第一排的请求，感受一次坐在第一排的好处。

　　2. 充分利用第一排的优势，集中精力跟着老师的思路走，勇敢地和老师进行沟通。

　　3. 坐在第一排时要注意一些细节问题，不要小声说话，以免打扰老师讲课，也不能随意做小动作，免得影响后面同学的听课效率。

第二节　接受成绩，正视成绩，提高成绩

　　我国著名文学家郭沫若小时候学习成绩并不好。一次期中考试结束后，老师要求家长在学生的试卷上签字，郭沫若有点害怕，因为他有好几门功课都不及格。

　　放学以后，他和几个成绩不及格的同学一起商议对付老师和

95

家长的办法，最后大家决定修改试卷上的分数，于是他把语文试卷上的 35 分改成 85 分，把数学试卷上的 15 分改成 75 分，他仔细地把改过的数字描了又描，直到自己看不出破绽才罢。

回到家后，他自信地把"满意"的试卷交给了父亲，说："父亲，这是我的考卷，老师让家长在上面签字。"

父亲看了看，表情非常严肃，问："这是你的真实成绩吗？"

郭沫若听了一惊，心想："父亲是怎么看出来的？一定是在测验我。"于是假装镇定地说："是啊！"

父亲把试卷放在桌子上，看着他的眼睛说："你为什么骗我呢？"

郭沫若很害怕看到父亲坚毅的眼神，他不敢再撒谎，只能支吾着说："我的成绩很差，不敢拿给您看。"

父亲的表情不再那么严肃，平静地说："重要的不是你的成绩，而是你的学习态度。"

郭沫若低下头，为自己的行为感到羞愧，父亲接着说："好好总结一下，看看自己为什么没有考好，不要再盯着分数发愁了。"父亲拿起笔把试卷上的分数修改过来，然后在旁边的空白地方签上了自己的名字。

郭沫若乖乖地拿起试卷进了书房，他认真地分析了试卷，发现有很多错误都是由粗心造成的，然后打开自己的笔记本，写到："学习要认真，不能马虎。"后来，他一直用这句话来提醒自己。

以后每次考完试，郭沫若都不会太在意自己的成绩，在其他的同学因为成绩的好坏而或悲或喜时，他却在认真地做着试卷分析，不断地总结自己的优点和缺陷。后来他的成绩有了明显的提高，还凭着自己的努力成为一位大文豪。

如果郭沫若没有正确对待自己的成绩，一直隐瞒考试不及格的事实，那么他就不会认真分析自己考试失败的原因，也不会逐渐取得进步，成为后来的大文豪了。其实，成绩无论是好是坏，你都要用正确的心态去面对。

有的同学过于看重成绩，那是因为他们觉得成绩是证明自己的能力和智慧的重要标志。其实，成绩只能反映出你近期的学习成果，无法充分地体现你的能力和智慧。考得好不代表你很有能力，考得不好也不能证明你没有智慧。所以要正确地对待考试成绩，以平和的心态去接受它。

有的学生平时学习效率不高，各学科的成绩也并不突出，偶尔有一次考了个好成绩就兴奋不已，以为自己真的学得很好，其实只是碰到了几道比较熟悉的题目。但是他完全没有意识到这个问题，还因此骄傲自满，学习也不再用功了，等到下次考试时却考得一塌糊涂，心情也一落千丈。情绪这样大起大落的不但影响自己的学习，对身体也没有好处。所以，要客观地分析自己的成绩，找出进步和退步的原因，在以后的学习过程中注意查漏补缺，这样才有利于促进你进步。

成绩虽然不能代表一切，但是，它毕竟是对你这一段时间学习成果的检验，所以也应该认真地对待，不能完全忽视它。

有个学生，他从来都不在乎自己的成绩，每次发下试卷来就随手一扔。同学问他："你从来不看试卷吗？"他潇洒地说："已经考过了还看它做什么，根本没有意义嘛！"所以，他的成绩一直没有进步。这就是太忽视自己的成绩了，虽然他不会因为成绩的好坏而大喜大悲，但是这种"满不在乎"的态度也让他失去了进步的机会。

所以，要在不过分重视成绩的情况下认真对待成绩，既不让成绩左右你的情绪，也不能浪费每一次进步的机会。

成长有方法

1. 成绩优秀时提醒自己"山外有山，人外有人"，不能骄傲自满，要分析自己考好的原因，看看是自己努力的成果还是偶然因素。

2. 考试失败后可以难过，但不要过分悲伤，更不能气馁，要认真总结自己失败的原因，争取下次考个好成绩。

3. 不要忽视自己的成绩，虽然它不能代表一切，但是只要认真对待，它可以帮助你更进一步。

第三节　珍惜时间，提高学习效率

鲁迅先生小的时候家庭条件不太好，父亲常年卧病在床，经常药不离口，母亲一个人操持家务也非常辛苦。鲁迅很懂事，每天都起得很早，做好早饭后就去学堂里上学，放了学还要照顾父亲、给父亲熬药，而且总会抽出时间来做一些家务，帮助母亲减轻负担，基本上没有空闲的时间。即便如此，他依旧能够出色地完成自己的功课。

有一次深夜，母亲看见他的屋子里还亮着灯，就过去看看他在做什么。推开门的时候，她看见鲁迅正在写字，因为灯光太暗，他的头都快贴到桌子上了。

她心疼地说："孩子，睡吧，已经过了半夜了。"

鲁迅对母亲说："我还不困，躺下也睡不着，那不是浪费时间吗？您累了一天，快去休息吧。"母亲拗不过他，只好自己去休息了。

成年后的鲁迅依旧非常珍惜时间，他总是害怕时间会在不经意的时候从身边溜走，所以他从来不参加无聊的聚会，也不会随意去拜访朋友。在他的眼里，时间就是生命，他不但珍惜自己的时间，也要求别人珍惜时间。

有一天傍晚，他正在伏案创作，一位朋友突然来访，他以为朋友有什么重要的事要和他商议，就停下手里的事情招待他。可是这位朋友坐在他的书桌旁边唠唠叨叨的，说了很多无聊的话题。他实在没有兴趣也没有时间听他唠叨，就生气地说："你的时间是不是很多啊，我却没有多余的时间听你说这些无用的事情！"朋友听后虽然有些难为情，但是他知道鲁迅是在提醒他要珍惜时间，心里有火也不好发出来，只能讪讪地离开了。

在做教员的时候，鲁迅对他的学生要求非常严格，总是给他们安排很多学习任务，有个学生不满地说："老师，我们没有这么多时间啊！"

鲁迅一脸严肃地说："时间就是海绵里的水，只要你肯挤，总还会有的。"

学生听后低下了头，因为他们把很多时间都浪费在吃喝玩乐上了，鲁迅的话让他觉得很羞愧。

鲁迅的生命并不长，但他在短短地五十几年的时间里创作了很多优秀的作品，为推进中国文学的发展贡献了巨大的力量。

鲁迅先生视时间如生命，一生都在努力地学习和工作，为我国文学事业的发展作出了巨大的贡献。其实每个人的生命都是有限的，所以，我们一定要珍惜时间、好好学习，努力充实自己，让自己变得更有能力、更有智慧，将来做一个对社会有用的人。

珍惜时间就是珍惜财富、珍惜生命。一位知名企业的总裁曾经说过，"只要浪费一分钟我就会损失几百万"，所以，对于商人而言，时间就是金钱。珍惜时间的人会把一分钟当成一个小时来用，把一天当作一个星期来用，做的事情也比一般人要多。

时刻提醒自己要珍惜时间，这样能够提高你的学习效率，让你在较短的时间内学到较多的知识。

有一位老人，他已经七十多岁了，但从来没有停止过学习，而且特别珍惜时间。一次他加入了小区附近的一个英语俱乐部，为了跟上大家的英语水平，他每天都认真地学习英语，分秒必争。他经常一边做家务一边记单词，儿女们都说："您别那么刻苦，歇会儿。"他却反驳说："我的时间越来越少了，如果再不珍惜时间，恐怕真的学不会英语了。"就这样，短短几个月的时间，他已经记下了将近一万个单词，而且还能够和俱乐部的年轻人进行简单的对话了。这个老人总是把珍惜时间挂在嘴边上，他每天都催自己赶紧学习，结果他的学习效率比中学生还要高。

所以，只要珍惜时间，你的学习效率就能提高，收获也会更多。

如果珍惜时间的意识不能很好地引导你努力学习，那就给自己做一个时间表，每天严格要求自己按照时间表来作息，特别是在假期里，更要安排好自己的学习时间，不但能够促进学习进步，还可以养成良好的生活习惯。

伟大的作家巴尔扎克就给自己做了一个时间表，他把每天的时间都安排得满满的，没有一分钟被遗漏、被浪费，而且他一直严格按照时间表来安排自己的生活。正因为有这种争分夺秒的创作精神和热情，他才会成为举世闻名的大作家。

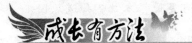

1. 把"珍惜时间"写在书的扉页上、贴在卧室的墙上，让它提醒你要珍惜时间、珍惜生命。

2. 给自己做一个时间表，并且严格要求自己按照时间表来作息，不要漏掉一分钟，让自己的每一分钟都过得有意义。

3. 改掉自己爱拖拉的习惯，提高自己的办事效率，节省时间。

4. 做一个守时的人，上学、约会都不要迟到，免得浪费他人的时间。

第四节　质疑一次老师的答案

伽利略从小就喜欢质疑别人的言论，很多人都因此而"害怕"他。一次，几个大人在一起聊天，一个男子说："只要男人身体比较强壮，那么他的妻子一定会生男孩，相反就会生女孩。"

伽利略听到后就跑过来说："您说得不对，罗杰叔叔可瘦弱了，那为什么他的妻子生了三个男孩呢？"

这个男子觉得伽利略不过是个小孩子，就想随便找个说法搪塞他，于是就说："可能是罗杰的妻子比较强壮吧。"

伽利略还是觉得不正确，又说："这和您刚才说的不一样，您能再解释一下吗？"

男子见一直追问，只好一本正经地说："这是亚里士多德通过研究得出的结论，难道还能有错吗？"

伽利略认真地说："本来就是错的，是谁说的都不重要。"

男子被他说得哑口无言，旁边的几个大人也在追问他："你

101

讲一讲原因吧，我们也能长点见识。"可是他根本就不知道原因到底是什么，只好灰着脸走了。

长大以后，伽利略这种质疑的习惯一点都没有改变。当时大家都非常推崇亚里士多德，把他的话当作至理名言，但伽利略却偏偏要和大家作对，经常挑亚里士多德的错误。

亚里士多德说过，两个重量不一样的铁球同时从高处落下来，重量大的一个会比重量小的一个先落地。伽利略对他这个观点产生了怀疑，然后自己做了好几次实验，他确定亚里士多德的观点是错误的。但是没有人相信他的话，大家都觉得这个年轻人太轻狂，连智者的话都敢怀疑。

为了证明自己是正确的，伽利略爬到比萨斜塔的顶层，手里拿着两个重量不等的铁球，然后对下面的人说："你们看好了，是不是重量大的那一个先落地！"

伽利略双手拿着铁球，同时松开手，大家惊讶地发现，两个铁球是同时落地的。从此以后大家明白了，智者的话也会出现错误。伽利略也凭着这股勇于质疑的精神成为一位伟大的科学家。

伽利略勇于质疑的精神不但帮助自己做出了很多新的发现，还让大家明白，即使是智者也有出错的时候，所以，在学习的过程中要勇于质疑，这是让自己和他人不断进步的好方法。

质疑能够帮助你学到更多的知识，养成探究的好习惯。一个人能够提出疑问，证明他认真地思考过，但是提出疑问不是终点，深究原因才是最重要的。随着不断的探究，你会慢慢掌握更深、更多的知识。

一天牛顿躺在苹果树下休息，一个苹果从树上落了下来，正好落在他的身旁。他捡起苹果后就想，苹果为什么一定要落在地上，而不是朝天上飞去呢？带着这个疑问，他不断地进行试验和研究，终于得出了"万有引力定律"。在物理学上取得很大的成果后他又涉足了其他的研究领域，他不停地思考各个领域之间的关系，学到了许多学科的知识，成为一个博学的科学家。

在学习的过程中大胆质疑能够培养你的创新精神。爱质疑的人一般都不喜欢随波逐流，不愿意人云亦云，所以他们总能提出更新、更大胆的想法。

中世纪时期，欧洲人对亚里士多德非常崇敬，他的"地心说"也被教会奉为教义理论。但是哥白尼没有像大多数人一样信奉"地心说"，而是大胆地提出了"日心说"，并且证明了自己的观点是正确的，"把自然科学从封建神学中解放出来"。如果他没有大胆质疑，那么自然科学的发展速度就会变慢。

质疑是非常好的学习方法，能够让你养成独立思考、独立学习以及在实践中积极求证的好习惯。古人说"纸上得来终觉浅，绝知此事要躬行"，质疑能够让你把理论与实际联系起来，既让你更好地掌握了理论知识，又提高了你的实际应用能力。

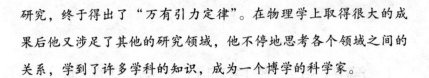

成长有方法

1. 质疑来源于认真思考，所以上课时要集中精神认真听讲，积极思考老师得出的结论，这是质疑的前提。

2. 把理论和实际联系起来，如果发现理论和实际不够吻合，那就积极思考，努力探究解决自己的疑问。

3. 学会比较，在比较中找到不同点，提出疑问并解决疑问。

第五节　给自己找对学习方法

迈克尔是班里的"睡觉大王"，无论是上课还是下课，他总是趴在桌子上，有时候是真睡，有时候又是假寐，面对他的无精打采，老师们无计可施。

虽然天天都在"睡觉"，但他的学习成绩却非常好。一开始同学们都怀疑他这是加了夜班的结果，其实他从来不会熬夜学习。

一次，班主任为了提高他的学习热情，就把他从最后一排调到了第一排。同学们吃惊地发现，他不但不睡觉了，而且精神百倍，每天都挺胸昂头地注视着黑板，听得非常认真。班主任很高兴，他以为自己治好了迈克尔的瞌睡病，可是几次考试结束后，他发现迈克尔的成绩却下降了。

有一天，他找到迈克尔说："坐在前面有什么不习惯吗？"

迈克尔苦恼地说："是的，非常不习惯，我一直盯着黑板，不停地做笔记，根本没有时间听老师讲课。"

老师觉得很奇怪，问道："难道你以前不做笔记吗？"

迈克尔说："很少做，因为我的视力不好，根本看不清黑板上的内容，我一直凭听觉学习，这样有助于我思考。"班主任恍然大悟，原来迈克尔上课时不是在睡觉，而是在思考，因为看黑板没有意义，所以他才会一直趴在桌子上。

班主任想让他变得更优秀，就说："也许你应该锻炼一下自己，让眼睛和耳朵都能起作用，这样才会有更大的进步。"

迈克尔反驳说："不，这样只能分散我的注意力，我不喜欢这种方式。"班主任没有办法，只好把他调回了原来的位置。

迈克尔重新回到了只靠听力学习的状态，他发现耳朵对自己有很大的帮助，于是非常注重锻炼自己的听力，并靠着听力在学习上取得了很好的成绩。

我们通常都说，眼、耳、口并用才能学得更好，但是，用上眼睛之后迈克尔的成绩却下降了，在他看来，眼睛分散了他的注意力，让他无法集中精神思考老师所讲的内容。所以，要了解自己的学习特点，找一个适合自己的学习方法。

合理的、适合自己的学习方法不但能够帮助你提高学习效率，还可以让你对学习产生更大的兴趣。找到适当的学习方法就相当于找到了一条通往好成绩的捷径，少走弯路就会省很多时间和精力，学习效率自然就会提高。轻松而有效地学习不但能给你带来好成绩，还会给你带来好心情，因为你总能看到自己付出后得到的优秀成果，而这些成果也会激励你更努力地学习，让你对学习产生兴趣。

找学习方法可以参考成绩比较优秀的同学，但是不能照搬照抄，一定要根据自己的具体情况做出适当的修改。因为你和其他同学的学习基础和优势并不相同，他只用十分钟就能完成的功课可能你需要三十分钟，而你甚至不需要花时间学习的知识他却要费很大的工夫，所以，学习别人的方法要懂得变通。

找学习方法时要认真地对各学科进行分类，因为每个学科都有自己的特点，学习时不能采用千篇一律的方法。有的学生文科成绩很优秀，理科却经常不及格；而有的同学又恰好相反，理科的试卷经常是满分，文科的试卷却总是空白。这就是学习方法不合理造成的偏科现象。文科类的知识注重阅读和理解，而理科类的知识偏重理解和应用，所以在学习的过程中要区别对待。

除了分类学习外还要分时间段学习，每个时间段人的精神集中程度是不同的，人与人之间也有很大的差异，有的学生早晨起来精神饱满，学习效率特别高，而有的学生无论睡眠多么充足，第二天早上依旧昏昏欲睡。所以，要清楚自己每个时间段的精神状态，调整自己的学习强度和科目，争取收到更好的学习效果。

成长有方法

1. 自己找不到好的方法时可以参考其他同学的，但是要根据自己的情况做出调整，不能照搬照抄。

2. 对各个学科进行分类总结，了解各学科的特点，然后找出适合各个学科的学习方法，不要只用一种方法来学习。

3. 找老师帮助，因为老师对你学习上的优势和弱势比较了解，能够帮助你找到一个更合理的学习方法，期间你也可以对老师的指导做出适当的调整。

第六节　放假时安静下来看一天书

暑假到了，很多同学都在考虑要去什么地方消暑，拉杰也正为这件事苦恼。他是个不爱学习的男孩，想让他安安静静地完成暑假作业是不可能的事情，但是每天都闷在家里也很无聊，一想起要这样无趣地度过两个月的时间他就头疼。

有一天，太阳已经升起很高了，可是拉杰依然赖在床上。其实他已经睡醒了，但是由于今天没有任何安排，他只好继续躺着。正在百无聊赖的时候，门被敲响了，这是他非常盼望发生的事情，因为他一直觉得敲门的人能给他带来新鲜事。

他翻身从床上跳起来，把脚塞进拖鞋里，飞快地跑去开门。门刚一打开雅各布就一把抱住他，高兴地说："伙计，我们家要去乡下消暑，你可以跟我一起去！我们可以一起爬山、捕鱼、放牛，还有很多好玩儿的事儿，怎么样？"拉杰听了非常兴奋，一口就答应了。

　　他们来到乡下，每天都在山上和水里消磨时间，虽然很有意思，但一个星期以后拉杰有些腻了。一天早晨，他拒绝了雅各布的邀请，没有和他一起去钓鱼。本来想躺下去再睡一个好觉，可是他发现客厅的桌子上放着一本书，拿起来一看，原来是《莎士比亚悲剧集》。

　　他想起来了，老师一直都推荐他们读这本书，但是他从来都没有放在心上，今天实在是无聊，于是他就找了个安静的地方开始看书。渐渐地，他被书里的故事吸引了，连雅各布回来了他都不知道，中午饭也忘记了吃。等到太阳落山的时候，天色逐渐暗下来，他突然说了一句："怎么天还没有亮吗？"雅各布和家人笑道："天已经黑了！"他这才发现大家已经摆好了晚饭正等着他呢。

　　第二天，雅各布一起床就没有看见拉杰，于是他就去山上找，谁知竟然在一棵大树上发现了他，那时他正在看书，雅各布不想打扰他，就自己去玩儿了。又是傍晚的时候，拉杰从山上回来，一进门就说："哈姆雷特不应该死的。"雅各布一家人都笑了。

　　从此拉杰迷上了看书，经常一个人坐在角落里翻着书页，任何人都打扰不到他，渐渐地，他变得越来越安静，也喜欢上了学习。

　　偶然读了一天的书，拉杰的生活习惯被改变了，他不再无所事事，也不会把时间浪费在玩耍上，性格安静了许多，也爱上了学习，可见，静下心来认真地看一天书对自己是很有益的。

对于不喜欢看书的人，静下心来认真地看一天书能够让你快速地喜欢上阅读，当然，前提是这本书能够吸引你。有的人一放假就像脱了缰的野马，整天跑出去玩耍，从来就没有认真看过书，也因此不会对看书产生兴趣。但是，只要能够拿出一天的时间来认真阅读，你就会有很大的收获，并且还会非常怀念这种读书方式。一本有趣的书看完以后，你会渴望阅读下一本有趣的书，如此一来就提高了你的阅读兴趣。

这种读书方式还能够培养你的注意力，帮助你拂去急躁，让你变得更安静、更稳重。当你全神贯注地看书时，外界的吵闹很难打扰到你，经常尝试这种状态以后，你的注意力就能慢慢地培养起来。而且人在看书的时候一般都比较安静，头脑中的杂念也会变少，无论是开心的还是痛苦的事，只要你全身心投入到书里，就都能淡忘。因此看书能够让你养成安静、稳重的性格。

成长有方法

1. 假期里觉得无聊的时候就挑一本自己喜欢的书，找个安静的地方坐下来认真地阅读。

2. 坚持阅读一整天，不要被外界的情况所打扰，把自己的精神融入书里。

3. 看了一整天的书之后要认真总结自己的收获和感受，体会看书给自己带来的乐趣。

第七节　每天不忘预习和复习

陈景润从小就好学，而且也会学，学习成绩一直很好。上中学的时候，一次他去理发店剪头发，可是理发店的人很多，他刚到的时候就排到了 20 号，好歹还要等上一个小时。他觉得就这样干等着实在是浪费时间，就从书包里拿出课本，准备预习明天课上要讲的内容。

旁边一个等着理发的大人看见了就问他："这里这么吵怎么能学好呢？"

陈景润根本就没有听见他说话，一直埋着头专心地学习，手里还拿着笔不停地做记号，嘴里念叨着："这个地方我不太懂，明天要认真听。"

那个大人见他如此专心就没再打扰他，回过头对旁边正在大声说话的客人说："这个孩子正在学习呢，咱们说话轻声些。"大家都很配合，果然把声音放低了。

陈景润学得很认真，并没有注意到周围的变化，当他发现明天数学课上要学的内容和上一册书的知识有关联时，他大声地说了一句："糟糕，这个知识点我已经忘记了！"

等着理发的客人听了都笑起来，看他到底要做什么。只见他把课本装进书包里，然后背着书包就走了，大家都说："这个孩子真是学傻了！"

陈景润一路小跑着回到学校的图书馆，找到上一册的数学书，然后随便找了个座位坐下来开始学习。解决了预习的问题后，他刚准备离开，突然想起来历史课结束后他还没有来得及整理知识点，于是又拿出历史课本和笔记本开始写总结。就在他全身心投入复习历史知识时，理发店的老板正扯着嗓子喊："20 号，谁是 20 号？"理发店里的人东张西望的，没有人回答，老板只好叫道："21 号！"

等到复习结束后，陈景润总算松了一口气，他一摸自己的头发，突然觉得自己忘记了什么事情，但是又实在想不起来到底是什么事情，于是就背着书包回家了。

陈景润之所以成绩优异，是因为他善于预习和复习，懂得在预习和复习的过程中查漏补缺。他后来取得的成绩也向我们证明了，在学习的过程中，预习和复习是不可缺少的两个环节。

陈景润常说"七分预习，三分复习"，可见他对预习的重视程度。预习并不是简单地看看将要学习的内容，而是要进行认真的自学。在自学的过程中，要标记出自己不明白的地方，然后在课堂上重点听老师讲解，这样才能提高听课效率。预习的时候，要把新知识和旧知识联系起来，既能复习以前的内容，也可以对知识进行融会贯通，让知识在自己的头脑中形成一个相对完整的体系，这样掌握起来才会更扎实。

预习能够提高你的自学能力，刺激你主动学习的兴趣。在预习时，你很可能会遇到困难，而在这些困难当中，有的问题你通过努力后能够自己解决，不能解决的问题你也会对它进行充分地思考，这个过程就是自学的过程，也是你主动探究的过程。如果你靠自己的努力解决了难题，那也不要太过于高兴，因为也许你的方法并不是最好的。所以上课时必须认真听讲，要从老师那里学到更好的解题方法。

复习最大的好处就是帮助你查漏补缺，把知识掌握得更牢固。同时也能刺激你发现新的问题，在学习上取得更大的进步，就像孔子说的"温故而知新，可以为师矣"。

复习有小节复习、单元复习和整体复习的区别，其中小节复习是每天都要进行的。每上完一堂课你都应该做一个小结，课下总结一次，睡觉前再回忆一次，这样才能起到巩固知识的作用。如果小节复习做得比较好，那么单元复习和整体复习的难度就会降低很多。因为后两者都是在概括总结的情况下再做具体的总结，主要是为了让你对知识有一个整体的认识，让知识结构能够在你的头脑中形成比较清晰的框架，所以，一定要做好每天的小节复习工作。

成长有方法

1. 把课前预习、课后复习当作一种学习习惯，每天提醒自己不要忘记，一定要长期坚持。

2. 把预习的过程当作自习的过程，不但要熟悉新的知识，还要联系旧的知识，让知识能够融会贯通。

3. 复习要及时、要重复，还要在复习的过程中勤于思考，争取发现新的问题并自己解决，以此来提高自己的学习能力。

第八节　给自己找一个竞争对手

林肯成功当选总统后工作非常认真，出台了很多利民的政策，对美国经济的发展起到很大的促进作用。但是，一段时间以后他发现自己的生活过于平静，工作上也是出奇地得心应手，心里便有些不安。

秘书爱丽丝见他一直愁眉不展的，就问："先生，我们的工作很顺利，您为什么还闷闷不乐呢？"

林肯叹了一口气，严肃地说："爱丽丝，你不觉得我最近一直没有什么变化吗?"

爱丽丝不解地问:"您希望自己有什么变化呢?"

林肯意味深长地说:"进步,我需要进步。可是你看我,一直都在原地踏步呢,这可不是什么好事。"

爱丽丝不知道应该怎么帮助他,但是她突然想起一件事,就说:"先生,萨蒙·蔡斯要来汇报工作,您什么时候见他?"

林肯一听,顿时兴奋起来,笑道:"我现在就见他,快让他过来!"

不一会儿,萨蒙来到他的办公室,林肯一见他就高兴地说:"伙计,你对财政部长的职位有兴趣吗?"

萨蒙冷淡地答道:"我更喜欢总统的职位。"

林肯听后更高兴了,搓着手说:"总统的职位是美国人民给予的,我无法给你授权,不过,我可以让你成为所有议员都梦寐以求的财政部长。"

萨蒙的脸上露出了一丝喜悦,不过他马上收起了笑容,说:"大选的时候我虽然输给了你,不过,我一定会努力工作,而且一定会让大家知道,我比你更适合做总统。"

林肯笑道:"这一直是我所期望的。"

成为财政部长后,萨蒙在工作上更用心了,他的能力非常强,很多议员都很敬佩他,这对林肯造成很大的压力。但是,林肯并没有因此而丧失信心,他一直把萨蒙的名字写在自己的办公桌上,每天都用萨蒙强大的人气和能力来激励自己,心想,"如果不努力的话萨蒙就会超过我。"于是他又会干劲儿十足,无论遇到什么困难都不会退缩,就这样,他带领美国进入一个全新的发展阶段。

因为有了萨蒙这个竞争对手的刺激,林肯才会不断地进步,成为美国人民爱戴的总统。由此可见，给自己找一个竞争对手是多么的重要。有竞争就会有压力、有动力，在学习上给自己找一个竞争对手，不但能够激励你取得更好的成绩，还可以让你拥有正确的竞争意识，培养你坚强的性格。

竞争对手表面看来是你的敌人，对你有很大的威胁，但是从长远看来，竞争对手却是你的朋友，是能够不断激励你进步的朋友。假如同桌比你要优秀一些，那么你一定会产生"危机感"，因为老师和其他同学的注意力都被他吸引了。这时候，如果你能够正确对待自己的竞争对手，把同桌当作刺激自己不断进步的朋友，并努力提高自己的成绩，那么用不了多久你就会得到同样的关注。

四川泸州市有两个著名的制酒企业，一个是"郎酒"，一个是"泸州老窖"。很多人都怀疑，一个小小的泸州市怎么会出现两个这么强大的制酒企业呢？当记者问到两个企业的领导人时，他们都不约而同地说了一句话："是对方让我们变得如此强大的。"可见，正确对待竞争对手是促进自己进步的好方法。

有句俗话说"一山不容二虎"，其实，只有一只老虎的山林肯定是死气沉沉的，而且这只老虎也不会有太强的战斗力，因为它没有竞争对手，没有竞争对手就没有进步的压力，就没有强大的动力。时刻有竞争对手的"威胁"，你才会产生壮大自己的意识，并且你还能够在与对手PK的过程中培养自己坚强的性格。

选择竞争对手也需要注意一些问题。所谓竞争对手，就是比自己强大，但是又不能强太多的对手。在学习上，竞争对手就是名次比自己靠前的，但距离又不是太远的同学，因为这样才更有利于促进自己进步。对手太强大，那么你的压力就会过大，而且赶超他的几率也比较小，这样只会打击你的积极性，让你更加没有自信。

113

成长有方法

> 1. 面对比自己优秀的同学时，要克服嫉妒心理，化嫉妒为动力，把他当作竞争对手，努力赶超他。
>
> 2. 主动给自己找一个竞争对手，以他为目标，让他时刻激励自己不断进步。
>
> 3. 你所找的竞争对手不能太强，也不可太弱，太强则会打击自己的积极性，太弱又会让自己懈怠，无法取得进步。

第九节　每天坚持学习外语

泛亚国际英语教育的创始人宫雍曾经是个英语成绩不太好的学生，他也为自己的英语成绩苦恼过。一次他听一位英语老师说："想要学好英语就要勇敢地张开你的嘴，大声地把英语讲出来。"宫雍听后很有感触，于是决定从口语开始练习。

每天早晨他都会大声朗读英语课文，而且越读就越有激情，渐渐地，他爱上了英语，英语成绩也提高了。英语课上，老师经常让他领着同学们读单词、读课文，他成了班里的英语尖子。

上大学以后，宫雍更是注重练习自己的口语，他经常听历届美国总统在大选中的演讲，被总统们流利而有激情的演讲深深吸引了。于是他下载了总统们的发言稿，把它们订成一个小册子，每天都会拿着小册子站在学校的小花园里模仿总统们的口音和语气，基本上把历届美国总统在大选时的演讲词都背得滚瓜烂熟了。

　　有一次，他想体会一下在千万人面前演讲的感觉，于是就从小花园里走出来，高高地站在教学楼门前的台阶上，大声地说："Ladies and gentlemen！（女士们、先生们！）"几个晨跑的同学经过时被他吓了一跳，很多散步的女生都看着他笑，大概是觉得这个人有点不正常。

　　他没有因为同学们的忽视而停止自己的演讲，继续像总统一样慷慨激昂地发表着自己对美国人民和美国的热爱。后来有几个同学特意停下来听了听，听到动情处还要给他鼓鼓掌，慢慢地越来越多的同学聚集过来，都在严肃地听他演讲。只见他激情满怀，完全被克林顿或者布什附身了。演讲结束后，大家虽然没有听懂他到底在说什么，但是都给了热烈的掌声。

　　后来他去了美国加利福尼亚大学留学，因为对当地不熟悉，他找了个警察问路，警察惊讶地说："你是加州本地人吗？"宫雍说道："不，我刚从中国来。"警察向他投来赞许的目光，说："年轻人，英语学得不错。"听到美国人的夸奖，他的心里美滋滋的，心想，这么多年的英语总算没有白学。

宫雍经过努力学习，不但提高了英语成绩，还深深地爱上了英语，把英语教学变成了自己的事业。通过这个事例我们可以看出，只要肯下工夫、肯用心，男孩也可以学好英语。

　　一般来说，男孩的语言能力要比女孩差些，但是，这并不影响男孩学好英语。男孩的英语成绩差大多是由主观因素造成的。比如，有的男孩耐性比较差，刚记下两个单词就厌烦了，于是把英语书往旁边一扔，拿起数学卷子就开始写；有的甚至趴在桌子上就睡着了，英语字母竟然变成了他的催眠良药。抱着这样的学习态度，怎么能学好英语呢？

　　学英语最重要的是兴趣，只要培养起学习的兴趣，一切困难都可以迎刃而解。英语兴趣的培养并不难，最直接的方法就是鼓励自己，用一点小进步来刺激自己的学习兴趣，只要看到进步，你就会产生希望。比如多注意观察在生活中遇到的英语词语，就像一些店面的招牌、某些商品的名称等，并翻开英语词典查证一下，当其他的同学对这些一无所知时你却能够做出详细的讲解，顿时你的自信心就来了，学英语的兴趣也有了。

学习英语的渠道有很多，不要只顾着看自己的英语课本，可以试着看一些有趣的英语报纸、英语小故事，或者看几部欧美的原声影视剧，不但能引起你学习英语的兴趣，还让你增长不少见闻。

几位出色的工程师去英国培训，由于语言不通，他们学习起来非常困难，而且他们也不敢和英国人交流，总是害怕他们笑话自己的中国口音。可是为了加快学习速度，他们每天都互相监督着学习英语，一早起来就大声地背单词，读英语报纸，见到英国人也壮着胆子上去打招呼，学习了一段时间后，他们终于能和培训的老师顺利地交谈了，学习起来也容易了很多，提前完成培训任务回到了祖国。

所以说学习英语就要"脸皮厚"，不能害怕别人笑话，不管你的英语水平如何，一定要大胆地说出来，大声地读出来，这样更容易让自己喜欢上英语、学好英语。

成长有方法

1. 勇敢地张开你的嘴，大声地把英语读出来、讲出来，不要害怕别人笑话。

2. 多渠道学习英语，不要拘泥于英语课本上的内容，可以看英语杂志、报纸、小说等，还可以看看欧美的原声影视剧。

3. 生活中对英语要多留心，看到英文缩写的招牌或者警告牌时应该进行查证，把英语学习融入生活中，而不仅是课堂上。

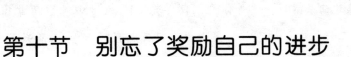

第十节　别忘了奖励自己的进步

有一位作家，小时候家里生活比较拮据，全家人靠卖豆腐为生。他和弟弟每天都要把父母做好的豆腐推到大街上叫卖，无论严寒酷暑。冬天的生意要好做些，豆腐不容易坏，买豆腐的人也比较多，虽然冷点儿，但心里是暖烘烘的。可是夏天一到，气温逐渐升高，豆腐很容易变质，买豆腐的人也少了，兄弟二人走遍了大街小巷也卖不掉几块豆腐。

有一次，一家饭店正好需要豆腐，就把他们的豆腐买走了一大半儿，兄弟两个高兴得不得了。后来，又有几个人过来买豆腐，一人一小块儿就把剩下的豆腐分得差不多了，在夏天，这种情况还是头一回出现。

傍晚他们准备收摊回家的时候，哥哥突然提议说："咱们把这一小块儿豆腐吃了吧，就当是奖励我们自己。"虽然家里是卖豆腐的，但他们却很少能吃到自家做的豆腐，就像"卖油的娘子水梳头"一样，总是舍不得。弟弟听了非常开心，他拍着手高兴地说："今天终于可以吃到豆腐了！"

晚上回到家，他把赚来的钱交给父母，然后坦白说："我们今天很高兴，把剩下一小块儿豆腐吃了。"母亲摸摸他的头，笑着说："没事，今天你们的确值得奖励。"

上学以后，他学习非常刻苦，每次考完试都能领一张奖状回家，这时候母亲就会做一顿可口的饭菜奖励他。后来母亲去世了，那时候他刚上初中，弟弟也才上小学，父亲为了给他们赚学费就外出打工了，整个家都是他在照看。

117

一次期末考试结束，弟弟兴奋地举着一张"三好学生"的奖状跑回家，说："哥你看，我得奖了！"他也从书包里拿出一张"三好学生"的奖状，笑着说："我也有！"两个人高兴了半天，他还特意上街买了一块儿豆腐拿回家，对弟弟说："今天我们要奖励一下自己，吃顿豆腐吧。"

　　一提到豆腐弟弟就非常兴奋，他说："以后我还要得奖状，能有豆腐吃！"他答应了弟弟的要求，只要取得进步就吃一顿豆腐。从此他们一直延续着这种奖励自己的习惯，虽然日子过得很苦，但是兄弟两个一直很努力，也生活得很开心。

　　故事里的作家小时候虽然生活很艰苦，但是只要取得一点成绩他就会想办法奖励一下自己，不但让自己的生活充满喜悦，还鼓励了自己不断地进步，最后成为一位著名的作家。

　　你得到的奖励大都是来自父母或者老师，因为当发现你有了很大的进步后他们总会做出一些表示。其实，你还有一些很小的进步是他们无法察觉到的，比如今天的作业是你独自完成的，你偷偷地参加了从来没有胆量报名的征文比赛，或者认真地看了两个小时的书，当长辈们没有给你奖励时，你可以自己奖励一下自己。

　　奖励自己的方式有很多，可以是精神奖励，比如放松下来听自己喜欢的歌曲，痛痛快快地打几场游戏，看一场一直期待的电影；也可以是物质奖励，比如犒劳犒劳自己的胃，吃顿可口的饭菜，给自己买一个小礼物，或者去超市买点爱吃的零食等。但是，给自己的奖励不能太夸张，要根据具体情况而定。

　　贾平凹先生的《秦腔》获奖以后，他并没有给自己买一栋豪宅，也没有去4S店买一辆宝马，而是找了个地道的陕西小饭馆，开开心心地吃了一顿羊肉泡馍。

奖励自己能够让自己心情愉悦、对生活充满希望。

有一位出租车司机，他非常喜欢吃鸭子，所以他就给自己定了一个规矩。如果今天没有闯红灯他就奖励自己一个鸭脖子；如果今天乘客表示非常喜欢坐他的车，那他就奖励自己两根鸭腿；如果今天的行程超过 350 千米，那他就奖励自己一整只烤鸭。就这样，他每天的生活都很有盼头，经常能吃到鸭脖子和鸭腿，隔一两个星期还能吃一次完整的烤鸭，天天美滋滋的。这些小奖励一直提醒他不要闯红灯、不要超速，对乘客的服务态度要好，工作要努力。就这样，即使每天都穿梭在拥挤的马路上，即使工作时间经常超过十个小时，他依然能够找到自己的乐趣，对生活充满了希望。

成长有方法

1. 老师不容易发现你在学习上的小进步，但是你自己一定会为此而欣喜异常，不要因为老师的忽视而让自己的好心情受影响，给自己一个小奖励。

2. 奖励自己可以是物质奖励，也可以是精神奖励，要让自己开心，但是奖励的程度不能太夸张，要适可而止。比如给自己买一本喜欢看的书，睡一个难得的懒觉等。

3. 把自己想要买的小东西或者想要吃的小零食记下来，把它当作自己下一次进步的奖品，这样不但给了自己进步的动力，还让自己提前看到了付出后的回报，心里一定会很开心。

第十一节　每个星期问问自己为什么学习

上课的时候，老师笑眯眯地走进教室，他站在讲台上说："今天我们上一节特殊的课。"

同学们听了都兴奋起来，好奇地问："什么课啊？"

老师没有马上回答大家的问题，他说："从前有人问周总理，'你为什么而学习？'周总理回答说：'为中华之崛起而读书。'今天，我要问你们一个相同的问题，你们为什么学习？"

同学们听后由兴奋变得迷茫起来，大家你看看我、我看看你的，不一会儿都低下了头，开始了自己的思考，教室里突然安静下来，几分钟过后老师又问："你们为什么学习？"

班里有个同学，父母都外出打工了，而且工作一直都不稳定，每次回家父母都会对他说："你一定要好好学习，以后找个稳定的好工作。"在父母的影响下，他一直觉得学习就是为了找个稳定的好工作，于是他站起来说："为了找份稳定的工作。"老师微笑着点点头，没有说话。

另一个同学家里经济条件不太好，他一直希望能够赶快长大，赚很多钱让父母过上好日子，就说："为了赚更多的钱。"老师依旧微笑着点点头，问："其他的同学呢？"

有一个同学很喜欢画画，他经常参加各种书画比赛，做梦都想成为一名画家，于是高兴地说："为了成为一名艺术家。"同学们都根据自己的情况说出了自己的想法，大家畅所欲言后，气氛很热烈。

大家发言完毕后，老师说："很好，现在请同学们把自己刚才说的都写在一张纸上，然后贴在自己课桌的左上角。"

　　同学们都照办了，老师继续说："每个人学习的目的都不一样，而且也许你的目的还会发生改变。但是，不论你最终的目的是什么，你们的途径都是一样的，那就是努力学习。每天都看看自己课桌的左上角，那里正写着你们学习的目标。以后你们每一天的努力都是为了这个目标。"同学们听后都很感慨，因为他们已经很久没有考虑过自己为什么要学习了，这一堂课让他们重新找回了学习的动力。

老师的提问让同学们突然迷茫起来，因为大家都已经忘记自己为什么要学习了，这一堂课重新激起了大家学习的动力。每个星期你都应该问问自己"为什么学习"，让最初的梦想激励自己在学习上不断进步。

学习是需要动力的，但是自从上学以后，我们日复一日地背着书包去学校，每天都做着类似的事情，不是上课就是写作业，不是写作业就是考试，这已经让我们忘记了自己上学的目的，好像上学只是为了上课好好听讲，课下认真完成作业。其实，这并不是上学的最终目的。所以，经常提醒自己"为什么学习"是很有必要的，这样能够让我们在学校里的每一天都过得更充实、更有意义。

　　有个学生上课时经常昏昏欲睡，学习状态很不好，成绩也一直不理想。一次语文课上，他又趴在桌子上睡着了。老师看到后很生气，让同桌把他叫醒，然后问他，"你坐在教室里难道就是为了睡觉吗？"他答道："不是。"老师又问："那是为了什么？""上学。"老师严肃地说："你为什么上学？"他面无表情地说："我爸妈让我上的，我也不知道为什么。"老师听了很无奈，同时也很有感触，他没有想到一个十几岁的初中生居然还不知道自己上学的目的。

121

可见，经常问问自己"为什么学习"有多么重要。

经常问问自己"为什么学习"不但能够给自己带来学习上的动力，也可以有一个学习方向。虽然我们学习的课程是一样的，但是由于目的不同，我们会主动地选择学习一些自己喜欢的课程，也会制订适合自己发展的学习计划。所以，明确自己的学习目的能够给你的生活和学习做出指导。

成长有方法

1. 每过一个星期就要问问自己"为什么学习"，时刻提醒自己学习是有目的的，不能盲目地上学。

2. 把学习的目的写在笔记本上、书上，或者贴在课桌上，每天都看一看，激励自己好好学习。

3. 学习的目的很可能会根据自己的具体情况发生变化，这种现象是正常的，但是不能变化得太频繁，否则也会让自己很迷惑。

第十二节　有空时多读几本书

东汉的哲学家王充从小就喜欢读书，但是由于家里穷，他没有钱买书看，于是就去附近集市的旧书摊上看书。王充读书从不挑剔，只要是书他就读，而且每读一本都有很大的收获。

在书摊上读书时他总是担惊受怕的，因为老板不喜欢只看不买的客人。有一次，他捧着一本书看入了神，老板看不过去了，生气地说："你买书吗？不买就别看了！"他听了只好把书放下，

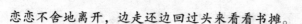

恋恋不舍地离开，边走还边回过头来看看书摊。

第二天他又去了集市，不过这回他换了另一家书摊，为了不惹怒老板，他就加快了读书的速度。刚开始读书时他边看边记，所以一次只能看几页书，为了把书看完，他一天就要去书摊上逛好几次，直到把这本书看完为止。后来他看书的速度提高了，基本上达到了一目十行的水平，而且看过的基本上都记住了，这样一来他就不害怕书摊老板的呵斥了，因为老板还没来得及轰赶他就已经把书看完了。两年下来，整个集市上的书都被他看完了，他只好去另一个集市找书看。

由于涉猎广泛，王充对各家学说都非常熟悉，既懂得儒家的中庸，又了解道家的超脱，对墨家和法家的理论也很精通，所以他才思敏捷，而且特别善辩，大有孟轲和墨翟的风范，经常把对方辩得哑口无言。

东汉时期的儒生们大都比较庸俗，把入仕救国理解为追名逐利，而且还提出"天人感应"的说法来迎合君主，王充很看不惯这种风气，他说："哪有什么天人感应，分明就是胡说八道！"于是从此闭门谢客，把自己关在屋子里苦苦研究和创作，一年后终于写出了抨击"天人感应"的《论衡》，阐述了自己的唯物思想。虽然《论衡》这本书在当时是禁书，但是其中的思想直到现在都依旧很有意义。

由于读书从不挑剔，王充的知识非常渊博，而且才思敏捷、口才极佳，为人也非常正派，由此可见，多读书对一个人的修养和能力的提高都有很大的帮助。

俗话说"开卷有益"，其中最直接的好处就是能够增长知识、扩展见闻。多读书就是多见识、多学习，因为每本书都是作者智慧的结晶，作者把他的见识和思想融进了文字里传递给读者，读者虽然没有直接接触相关的知识和事情，但是通过读书也能够有所了解，就像古人说的"秀才不出门，便知天下事"。

多读书有利于促进身心健康，提高自身修养，尤其是多读关于理论和思想的书。比如我们的经典古籍"四书五经"，国外的一些美学、心理学、哲学论著等，初读这样的书你可能觉得有些乏味，但是，当你真的领会其中要领以后，你就会慢慢喜欢上书中的内容。读小说时我们的心情经常随着故事情节的发展而变化，有时很兴奋，有时又很悲伤，但是读理论就不一样，它经常让你感觉头脑清晰、心胸开阔，而且能让你把生活中的苦与乐看得很淡，活得很轻松。

多读书能够帮助你提高写作水平。有的男孩一直为自己的作文成绩苦恼，其实，作文写不好的主要原因有两个，一个是缺乏练习，一个是懒于读书。俗话说"读书破万卷，下笔如有神"，书读得多了，你肚子的墨水也就多了，无论是什么题目的作文都难不倒你。所以，想要提高作文水平，多读书是个很好的办法。

多读书还可以帮助你励志。

毛泽东从小酷爱读书，他经常说"饭可以一日不吃，觉可以一日不睡，书不可以一日不读"，而且各个领域的书他都会看，无论古今中外。在读到郑观应的《盛世危言》时，他非常推崇作者"富强救国"的说法，也由此而决定走上政治之路，立志要为中国的奋起贡献自己的力量。一本书就让他明确了自己的奋斗方向，也激励着他为实现自己的理想永不放弃。

成长有方法

1. 先挑几本自己喜欢的书看，逐渐培养自己的看书兴趣，为多读书打下基础。

2. 书要多读，要广泛涉猎各个领域的书，无论是人文类还是科学类，无论是名著还是杂书，只要是书都应该看一看。

3. 多渠道读书，不要只看印刷的书，还要适当地浏览网络上的书，多看才会知道书的好坏。

4. 书上的内容看完了要学着去用，要让书对自己有指导意义，不能做书呆子。

第十三节 有志者事竟成，男孩应锻炼自己的毅力

美国总统林肯的出身并不高贵，他的父亲是个大字不识的文盲，母亲也只是一个普通的农村妇女，他从小就要帮父母砍柴、做农活，为了给家里减轻负担，小小年纪就跟着父亲做过木匠、鞋匠、伐木工人等，尝尽了生活的苦难。

长大以后，林肯开始独立生活，他当过水手，做过短工、乡村邮递员、土地测量员等，他做过很多种工作，也接触了各行各业的人，虽然只上过一年学，但是，虚心好学的他把每个人都当作自己的老师，还在工作之余读完了莎士比亚很多的著作。

22岁时，与朋友合办的公司破产后他开始报考法学院，但是，由于没有良好的教育基础，他没有得到入学资格，不过，他

没有放弃，一直在努力地自学，他相信总有一天自己能够成为一名出色的律师。两年后，他终于如愿以偿，实现了自己的律师梦。

第一次经商失败后，他吸取了教训，重新开始做生意，但是，这一次他的损失更大，由于经营不善，他欠下了巨额的债款，这笔债他用了16年才还清。在这16年中，他既要打工赚钱，又要努力学习，还经历了一次重大的打击，26岁的时候，他的未婚妻病逝，他为此而精神崩溃，在病床上躺了六个月。

林肯从23岁起就开始参加州议员的竞选，但是，他的政治道路非常不顺利。林肯一生参加过八次竞选，每一次都以失败告终，但是他从来没有在失败面前低过头，这种顽强的毅力让他最终当选了美国第16任总统。

因为出身寒微，又在社会上磨炼多年，林肯深知百姓的苦难，任职期间，他出台了很多利民的政策，得到大多数美国人民的支持。当发现美国南部的黑奴生活在水深火热中时，他不顾种植园奴隶主的坚决反对，毅然提出废除种植园经济的政策，虽然遭到很多奴隶主的抨击，但他毫不退缩，最终成功地解放了美国南方的黑奴。

拥有顽强的毅力能够提高男孩的学习成绩，很多男孩成绩不好就是因为缺乏毅力，不肯在难理解的题目上下工夫，放弃了太多进步的机会，所以成绩一直无法提高。其实，只要有毅力，铁杵也能磨成绣花针。

培养毅力还可以帮助男孩形成坚强的性格，改变男孩的惰性，为以后的成功打下良好的基础。每个人都会遇到很多的困难，如果没有顽强的毅力，那么在面对困难的时候就会退缩，不能迎难而上又怎么能成功呢？不论是在学习中还是生活中，毅力都是至关重要的。

培养顽强的毅力不是一朝一夕的事情，首先要树立远大的目标，有目标才有动力，有动力才会有坚持的欲望。所以，男孩可以给自己定一个前进的目标，提醒自己要为这个目标而不懈努力。有了目标后，还要给自己制订可行的计划，这个计划就好比指南针，它会指引你往正确的方向上走，避免让你走太多弯路。计划好以后，就要做出实际行动了，在行动的过程中，肯定会遇到很多困难，这个时候就需要给自己打打气，不断地暗示自己，沉住气，再坚持一下，马上就成功了。给自己加油的同时还要转变思维，用不同的方式去解决问题，当一个人难以完成任务时，就要寻求别人的帮助，常规的方法行不通时就要另辟蹊径。

有耐心的人往往都比较有毅力，遇事不慌不烦，肯钻研、肯下工夫。很多男孩的性子比较急，做事缺乏耐心，想要培养自己顽强的毅力，就需要改掉这个毛病。

成长有方法

1. 结交一些做事有毅力的朋友，以他们为榜样，时刻提醒自己要做一个有毅力的人，给自己一些积极的心理暗示。

2. 想要拥有顽强的毅力，就要有目标、有计划、有行动、有耐心，目标是前进的动力，计划是前进的方法，行动是前进的关键，耐心是前进的后盾。

3. 记录下自己的进步过程，不断反思，从中总结经验教训。

第五章

高财商男孩要做到的 8 件事

男孩天生就是赚钱、理财的好手，但是，如果不注意培养自己创造财富的能力，即使有天赋也不会成为钻石王老五。想要成为富翁，你就要从小培养自己的创业精神、锻炼自己的理财能力。努力创造是增长财富的必要途径，聪明理财是让你财源滚滚的必需手段。努力实践，把自己打造成一个具有高财商的男孩，为自己将来立于商界之巅打下扎实的基础。

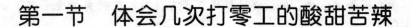

第一节 体会几次打零工的酸甜苦辣

在武汉科技大学，有一位众所周知的"兼职王"，他叫沈俊岭。在上大学期间，他做过家教、当过促销员、发过传单，还担任过辅导员的助理，打工经验相当丰富。其实，沈俊岭的打工经历从小学就开始了。

沈俊岭的家在重庆，是一个偏远的小山村，家里的条件并不太好，但是，供他上学还是没问题的。不过，从小就很独立的沈俊岭不想让父母太累，9岁的时候，他就开始瞒着父母，利用节假日的时间打零工。他帮别人收过玉米、摘过柿子、采过草药，做一些零碎的小活，赚点小钱来填补家用。第一次赚到钱的时候，他欣喜若狂，把家里的铁锅换成了新的，母亲从田里回来，看到灶上的新锅，惊讶地问："这是从哪里来的？"沈俊岭嘿嘿地笑道："我挣钱买的。"母亲先是一惊，以为是他偷的，知道他瞒着家人打工的事情后，高兴地说："小子有出息了，能挣钱了！"母亲的夸奖让他觉得很自豪。

有过这种快乐的体会以后，沈俊岭就一直坚持打工，不过，他从来没有耽误过学业，学习成绩一直很好，2005年，他以优异的成绩考入了武汉科技大学。

从重庆起程到武汉的那天，他只向家里要了3300元的学费，以后就没有因为钱的事向父母伸过手。在当家教的日子里，同学们只有上课的时候能看见他，下午的课一结束他就飞奔出校园，挤上公交车去给小学生补课，晚上七点钟再回学校复习自己的功课。有一段时间，同学们总是在图书馆看见他，后来才知道，他不做家教了，当上了图书管理员。

打工不误上学，他从来没有因为打工而逃过一节课，还经常拿到一等奖学金，他获得过校优秀学习标兵、院优秀学生干部等殊荣，因为社会经验丰富，工作态度认真，在大三的时候，他就被广州的一家知名日用品企业提前录用了，并且在工作中表现出色。

在上学期间打点零工对男孩的成长很有利。打工可以丰富课余生活，如果假期时能够有份工作的话，男孩子就不会把时间浪费在打游戏上。打工还能够让男孩提前接触社会，加深对校外环境的认识，也可以让男孩对社会有一个更真实的认知。书本上的知识也是从社会中来的，如果对社会毫无体验，那么书本上的内容在他们看来就会很空洞、很乏味，了解社会也有助于促进学习的进步。

很多父母都比较宠爱自己的孩子，要星星给星星，要月亮给月亮，慢慢地，孩子就会习惯性地向父母索要，不会考虑父母的辛苦。到社会上体验一下，孩子就会体谅父母的不容易，能够更早地成熟。

打工可以锻炼男孩的个性，让他们在工作中变得坚强、有毅力。此外，很多男孩不善言谈，但是在工作中，他们必须与人接触，这样既能够提高他们的沟通能力，又可以改变他们的性格。

男孩在课余时打零工是件值得提倡的事，但是，需要注意的问题也有很多，最重要的一点就是安全问题。你如果不能去正规的公司，可以选择给亲戚、熟人打工，或者也可以参加学校组织的社会实践活动。因为学生的大部分时间都是在学校度过的，对社会的情况不了解，很多不法分子看准了这一点，经常利用学生的单纯来作案，学生被骗的例子有很多，千万不可以掉以轻心。

打工只是为了丰富生活、体验社会，绝不是为了生存，所以，要分清主次，把学习放在第一位，打工的时间不能太长，在放假的时候体验一下就可以。

　　打工也要选择适合自己的，不要做过重的体力活，虽然要锻炼自己，但也不能超出自己的能力范围。成绩好一些的可以选择给低年级的学生辅导功课，既巩固了知识，又锻炼了自己的语言表达能力。

成长有方法

　　1. 选择适合自己的工作，既不要做太过清闲的，也不能做超出自己能力范围的。

　　2. 打工是好，但是，切记安全第一，一定要谨防上当受骗。

　　3. 学习才是主要任务，不能因为打工而耽误学习，在寒暑假工作就可以。

　　4. 可以记录下自己的工作经历和内心感受，既可以总结经验，又能够加深自己对生活的认知。

第二节　做一次小生意，过一回老板瘾

　　陈松同学虽然只有11岁，却是小区里的名人了。谁家有点事都愿意找他帮忙，当然，这些事情一般都很容易解决，比如照顾李家的孩子、寻找赵家的宠物等。陈松对每一件事都认真负责，总能把事情办得漂漂亮亮的，大家都很信任他。

　　有一天，陈松和爸爸妈妈在家里看电视，新闻里播放了一条比较有趣的消息，说是一个人在小区里开办了一个万事屋，帮小区里的居民们解决一些困难。像换个灯泡、照顾下孩子之类的

133

事情,和陈松正在做的事情很类似。

妈妈听后开玩笑说道:"我看小松你也去开一个这样的公司好了,又能帮助人,又能挣钱。"

爸爸也点头附和道:"我看行,小松,怎么样,自己当老板赚钱。"

"当老板,算了吧,我没有这个本事。"陈松连连摇头,脸变得通红。

这个时候,刚好有邻居来请陈松帮忙遛狗,听到他们的谈话后,马上爽朗地笑道:"这个主意不错,我们一直受小松照顾,也不知道怎么回报,这个方法不错,就当给小松一些零花钱嘛。"

爸爸妈妈又帮陈松琢磨了一下,觉得这还真是个可行的方案,能让儿子及早接触商业的一些东西,也许是件好事。

陈松听了爸爸妈妈的想法后,若有所思地低下了头,不一会儿,他像是想通了,高兴地抬起头,对爸爸妈妈说:"那好吧,我就试一试。"

"这就对了,你大胆地做吧,有什么困难告诉爸爸,爸爸帮你谋划谋划!"能让陈松提前接触到商业,爸爸很高兴,对他的"事业"是大力支持。

一个11岁的孩子自己创业当老板,这在中国的确是个新鲜事。很多中国的家长总是觉得孩子太小,什么都不懂,肯定做不好,根本就不给孩子机会,有的家长甚至觉得孩子是在胡闹,百般地阻挠。其实,这对孩子的成长没有好处。相信青春年少的你也有过想要当老板的冲动,但是心中的犹豫和父母的不支持无情地摧毁了这个冲动,你也因此而丧失了一次宝贵的进步机会。

青少年创业并不是为了赚多少钱,而是为了让自己有一次创业的经历、进步的机会。自己做个小生意,提前接触一下商业,不但能够培养你的财商，帮助你学会如何理财，还能让你变得更坚强、更开朗、更聪明。

　　王先生在小区里开了家小卖部，经济收入还算不错，一家本来生活得和和美美的。但有一天，王先生和王太太纷纷患病，双双卧病在床，这可愁坏了一家人。治病需要钱，生活也需要钱，可现在他们卧床难起，小卖部没人照应，连生活都成了困难。就在这个时候，王先生八岁的儿子"挺身而出"，对爸爸说："爸爸，我来看店。"就这样，王先生的儿子当起了小老板，在亲戚朋友的帮助下，他把小卖部的生意看管得很好，不仅慢慢地治好了爸爸妈妈的病，还学了一身的本领。

王先生的儿子只有八岁，在家庭遭遇变故时他勇敢地挑起了担子，自己经营小卖部，一边照顾父母一边做生意，小小年纪就"当家做主"。这次经历让他提前体会到了父母的不容易和生活的艰辛，不但能促进他健康地成长，还锻炼了他的能力。

美国是一个充满创业精神的国家，家长们都很重视对孩子财商的培养，很多美国人在小时候都有过创业的经历，美国经济的繁荣和这种教育模式是分不开的。大多数男孩都想以后成为大老板，现在就应该尝试着当个小老板，培养自己的老板精神和创业能力。

成长有方法

　　1. 自己摆一次地摊，把小时候的玩具或者看过的课外书拿出去卖，总比扔到垃圾箱里要有意义得多。

　　2. 在学校里卖文具，如橡皮、铅笔、作业本等，不但能赚几个零花钱，还能多接触到一些同学，扩大交友范围。

　　3. 和伙伴们合作经营一个小买卖，集体出谋划策，扩大经营，也能培养团队合作精神。

第三节　管理一个月家里的费用

元旦快到了，阿吉想给朋友们准备几份元旦礼物，但是自己的零花钱前两天就花完了，冥想苦思之后，他想出了一个赚钱的好办法。

一放学他就飞奔回家，把父母拽到客厅，说："爸妈，让我来管一个月的家。"

父母听后笑道："好啊，我们正好省事了。"

阿吉又认真地说："你们先给我五百元的生活费，如果月底剩余了，那就要作为我的奖励。"父母听了哈哈大笑。

父亲笑着说："我大方一点，给你一千元，如果月底有剩余的话，就通通给你。"阿吉听了非常高兴，心想，给朋友们买礼物的钱肯定有着落了，可是，实际情况并非如此。

第一天，阿吉刚要上学去，妈妈就拉住他说："小管家，你要把今天买菜的钱给我。"阿吉从口袋里摸出 2 元钱递给妈妈，妈妈看后生气地说："你觉得这 2 元钱够吗！"

阿吉听了只好又掏出了 5 元，还一本正经地说："妈妈，我看您还是省着用吧，只有一千元的生活费。"

妈妈拿着 7 元钱摇了摇头，说道："真是个小气的管家。"

自从当家以来，阿吉每天都在给这一千元的生活费做减法，刚过去十天，就只剩下六百元了，他非常着急，万一省不下钱来，这一个月就白忙活了。后来，妈妈再伸手要钱买菜时，阿吉就只给她 2 元钱，他们每天只能吃一些最便宜的青菜。

这个月快结束了，阿吉的手里还剩下三百元，他原本以为这点钱能留到最后，可是，物业公司突然通知，今天要交水电费和物业管理费。妈妈说："管家，这是你的职责，快去吧。"

阿吉问："需要多少钱?"

妈妈回答："大概三百元吧。"

阿吉一听就急了，说："不去，什么都要我负责，这个我不管了!"可是，无论怎么耍赖，他还是要把事情负责到底，这样一来，他连一毛钱都没有剩下。

月底结算的时候，看着垂头丧气的阿吉，妈妈笑着说："小管家，这一个月感觉如何啊?"

阿吉嘟囔道："咱们每个月都要花那么多钱吗?"

妈妈笑道："这个月的开销是最少的，因为你这个管家很节俭，我们节省了将近500元。所以，我打算还让你继续当家。"

阿吉摆摆手，连连摇头，"我不干了，太累了!"

妈妈笑着说："现在知道妈妈辛苦了吧。"阿吉点点头。

妈妈接着说："虽然这一千元没有省下来，不过，为了奖励你，我决定给你两百元的零花钱。"阿吉听了高兴得不得了，这一个月总算没有白辛苦。

当了一个月的小管家之后，阿吉终于了解了家里每个月的消费情况，也体会到了妈妈的辛苦。在日常生活中，能够帮助父母管家的学生并不多，他们大都是饭来张口、衣来伸手，根本不了解家里的消费情况，有时还要向父母提出一些过分的要求，不是要买名牌就是要吃山珍海味，为了满足他们的要求，父母只能减少自己的开销。主动当一次小管家，不但能给父母减轻负担，还可以提高你的家庭意识和责任感，对成长很有帮助。

很多学生以为当家是件很简单的事，只要负责平时吃饭、穿衣的花销就万事大吉了。其实。当家比想象中要复杂一些，除了饭菜钱以外，还有水电费、旅游费、人情来往、各种保险等，每一项都要放进家庭预算内。

137

以上都只是一些正常的开销，除此之外你还要做好应对突发事件的准备，比如家人突然生病了、学校要收取某项费用等，提前准备才不至于手忙脚乱。

第一次当家往往会出现两种情况，一种是花钱大手大脚，半个月的时间就把一个月的生活费花没了。因为从来没有拿到过这么多钱，他们总觉得一个月肯定花不完，就放开胆子花，不知节制，到头来只能是提前透支。另一种是过分节俭，就像故事中的阿吉一样，这样做会降低家庭的生活水平，无法满足大家正常的需求。因此，即使是第一次当家也不能出现太大的差错，否则会给家人的生活带来不便，建议你经常召开家庭会议，多和父母沟通管家的技巧。

成长有方法

1. 当管家时要提前向父母请教，问清楚每个月大概需要花销多少，心里对这件事要有一个初步的认识。

2. 认真做家庭预算和结算，要有计划地花钱，不能随心所欲。

3. 不能过分节省，要在满足家庭成员合理的需求后节俭开销，这样才是长久之计。

第四节　和爸爸一起上一次班

小可是个调皮的男孩，而且花钱毫无计划，这一次，他又伸手向妈妈要零花钱了。妈妈不高兴地说："你花钱就像流水一样，一点都不节省，知道这钱是怎么来的吗?"

小可满不在乎地说："爸爸挣的啊。"

妈妈又问："那爸爸是怎么挣的？"

小可不耐烦地说："妈，老师天天都唠叨，'钱是用父母的血汗换来的'，我知道了，你不给算了。"

听了这番话后妈妈就更生气了，大声说道："小可，你不要太过分了，爸爸挣钱很不容易，以后不给你零花钱了！"

小可听了干脆赌气说："不给就不给，我不稀罕！"母子两个谁也不理谁。

爸爸回来后听妈妈说了这件事，就出了个主意，他把小可叫到跟前，微笑着说："儿子，明天是星期六，爸爸加班，你和爸爸一起去上班吧。"

小可想了想，说："好啊，不过，你要把一天的工资分给我一半。"爸爸笑着答应了。

第二天，爸爸早早地就把小可叫起来，小可赖在床上说："我很困，不去了。"

爸爸说："你昨天说好的，男子汉不能说话不算数。"小可拗不过爸爸，只好起来。

父子两个匆匆吃了早饭就坐公车去了爸爸上班的地方，这是一个建筑工地，一走进工地大门，小可就惊呆了，他看见工人们搬砖的搬砖、和水泥的和水泥、砌墙的砌墙，每个人的脸上、身上都沾满了灰尘。小可问："爸爸，他们是不是很早就开始工作了？"

爸爸回答："是啊，你还在睡觉的时候工人们就已经开始工作了。"

小可怯生生地说："爸爸，你平时也是这么工作的吗？"

爸爸笑道："我比这些工人要轻松一些，不用做多少力气活。但是，只要工人开工，我就要过来指导。"

小可在一群工人中认出了好朋友张扬的父亲张叔叔，看到张

139

叔叔满面、满身的灰尘。小可沉默了,因为他知道,张扬在学校里过得很"风光",花钱比自己还要厉害。爸爸看了看他,问:"怎么啦?"

小可惭愧地说:"爸爸,我以后不乱花钱了,挣钱真的很不容易。"爸爸摸摸他的头,欣慰地笑了。

和爸爸一起上了一次班,看到建筑工地的工人们辛苦地工作后,小可终于明白老师为什么要说,"钱是用父母的血汗换来的"了。他也认识到了自己乱花钱的错误,并决心改过。生活中,像小可这样不体贴父母的学生还有很多,他们不考虑父母的辛苦,不懂得付出,一味地向父母索要,如果不能及时认识到自己的错误并改正,那么,他们永远都长不大。

和父亲一起上班,除了能让你感受到父母的不容易外,还可以扩展你的见识,加深你对社会的认知,帮助你健康地成长。在学校里,你能接触到的人只有老师和同学,每天除了学习就是游戏,没有什么机会接触到校外的社会,和父亲一起去上班,能够给你一次接触社会的机会,让你提前感受一下工作的氛围,这样的经历对你的成长很有利。

老盖茨是一位出色的律师,他工作的时候经常带着儿子,虽然儿子不理解他的工作,但是老盖茨绝佳的口才和超强的思辨能力对儿子的影响很深远,比尔·盖茨能够有今天的成就,与他提前接触社会是有关系的。三一集团的创始人梁稳根也经常带着儿子工作,儿子梁冶中刚上中学的时候,梁稳根就安排他旁听董事会,梁冶中对董事会所讨论的事情根本不了解,但是,大家遇到问题时激烈争论的场景给他留下了深刻的印象,让他认识到高管之间发言权的平等是很重要的,这对他以后的工作会很有帮助。

和父母一起上班虽然是件新鲜的事情，但是，你不能因为兴奋而影响父母的正常工作，在大家努力工作的时候，你应该保持安静，或者给大家一点简单的帮助。

成长有方法

　　1. 经常和父母去上班，提前感受工作的氛围，让自己接触到校外的社会生活。

　　2. 和父母去上班时，要注意观察、体会工作单位和学校的区别，让自己有所收获。

　　3. 记录自己和父母一起上班的经历，写下自己的见闻和感受，这样能够促进自己对这次经历的思考，加深自己的印象。

第五节　给自己列一个消费清单

　　毛毛花钱大手大脚，一点计划都没有，早上刚到手的零花钱往往中午就花光了，几次过后，妈妈对他的浪费行为有点儿不满了。一天，毛毛放学后跑到厨房对妈妈说："妈妈，我的作业本用完了，要两元钱买个新的。"

　　妈妈一边做饭一边说："昨天刚刚给你五元钱，你自己用零花钱买。"

　　毛毛不高兴了，说："那是我的零花钱，再说，我已经花完了。"

　　妈妈听了马上停下手里的活儿，严肃地说："这么快就花完了！"

141

毛毛满不在乎地说："对啊，我请大家吃雪糕了。"

妈妈叹了口气，说："这个月你已经透支了，没钱了，自己想办法吧。"

毛毛听了很着急，哭着说："可是我现在就要去买本子，要不然怎么写作业啊？"妈妈没有理会他，继续做自己的事。

爸爸在书房里看书，听到毛毛的哭声后走过来，问："怎么啦？"

毛毛以为救星来了，就拉着爸爸的手告状，"我的作业本用完了，可是妈妈不给我钱买，说这个月的钱花完了。"

爸爸听了假装愁眉苦脸的，说："是啊，的确花完了，我也正发愁呢。"

毛毛信以为真，问："那我们的钱都去哪儿了？"

爸爸去书房的书柜里拿出一个本子给他看。毛毛问："这是什么？"

"是我们家的消费清单啊。"爸爸打开本子，让儿子看里面的内容，只见每一页都满满地写着各种花销。例如，12月1日，给毛毛买衣服，90元；买菜，15元等。爸爸说："你看，每一笔钱我都记得很清楚，你这个月就花了总开销的三分之一，比上个月要多出两百元，所以这个月咱们的钱就不够花了。"

毛毛听后仔细地想了想，说："我也应该给自己写个消费清单，这样就能知道自己花多少钱了。"

爸爸点点头，笑着说："对，而且还要看看哪些钱该花，哪些钱不该花，慢慢地，你就能省下钱了，买个本子也不用求妈妈了。"毛毛觉得爸爸的话很有道理，从此以后就开始给自己写消费清单，计划着花钱，存钱罐里果然多了不少钱。

故事中的毛毛花钱很随性，经常没有计划，最后导致零花钱超支，在父母的教育下，他开始给自己写消费清单，学着计划花钱，果然长进了不少。

你和故事中的毛毛一样，正处于懵懂时期，许多事情都是只知其一不知其二，特别是在花钱上，往往缺乏长远的打算。这时，你就要提醒自己，给自己列一个消费清单，不但能够明确自己的消费目的，还可以清楚地知道自己的消费动向，这样更有利于你合理地安排花销，学会理财。

消费清单上不可以胡乱记录，这样不利于你对自己的消费行为进行总结，应该分出类别，比如食物、衣服、学习用品、玩具等，而且记录得越细致越好，写清楚时间、金额、商品名称等。当天消费后要及时记录，不要等到第二天、或者几天后才开始整理，这样很容易遗漏一些细节，导致记录不全，影响你最后的消费总结。

写消费清单要持之以恒，不可三天打鱼两天晒网，长期坚持才有利于你养成计划消费的好习惯。俗话说，吃不穷、穿不穷、计划不到就受穷。所以说，不怕你挣得少，就怕你不会花，计划消费是很重要的。

成长有方法

1. 消费清单上要分清类别，按类别记录自己的消费动向，这样更有利于整理分析，帮助自己合理地安排消费。

2. 列消费清单要持之以恒，让自己的消费有计划、有目的，也争取让每一分钱都花得恰到好处、不浪费。

3. 要经常做总结，看看自己有没有浪费一些不该花的钱，有则改之，无则加勉。

143

优秀男孩一定要做的100件事

第六节　跟妈妈学"砍价"

艾虎从外面踢完足球回来，换下脚上破了一个洞的运动鞋，拎去给妈妈看，想要买双新的运动鞋。妈妈看了看破洞的运动鞋，告诉艾虎周末带他去商场买新鞋去。

商场里的商品琳琅满目，光运动鞋就有十多种，"咦，这双鞋不错。"艾虎看中了一双轻薄透气型的运动鞋。妈妈拿起鞋子看了看，也比较满意，就问老板："这鞋怎么卖？"

老板扫了一眼，说："270"。妈妈仔细看了一下，拉着艾虎就走了。

走到另一家店铺，艾虎发现了同一款运动鞋，妈妈问老板："这鞋多少钱？"

"200，试试看能不能穿，各种号码都有。"老板走过来向艾虎和妈妈介绍。

艾虎有点儿纳闷，仔细地看了看鞋子，明明是同一款产品，怎么价格不一样呢？

他觉得这家店铺的鞋比较便宜，妈妈肯定会给自己买的。谁知妈妈和热情的老板聊了一会儿，竟然又带着他走向另外一家。就这样，他们把商场里的鞋店都逛得差不多了，艾虎觉得逛街比踢足球还累，有点吃不消了，赶紧拉住妈妈说"妈妈，刚才那家店的鞋又便宜又好看，为什么不买呢？挑来挑去都一样啊？"

妈妈听了艾虎的抱怨，停下来对他说："买东西要货比三家，这样才能知道这双鞋的大概价格，不然本来80块钱的东西也许会花200块钱买回来，这样就没有必要了。买东西要学会跟老板讨

144

价还价，要学会观察商品的质量，找到让商品降价的理由，这样才能花最少的钱，买到最好的东西。"

　　艾虎听着妈妈的"演讲"，眼睛都直了，心里不由得佩服起妈妈来。最后，他们来到一家货品齐全的店铺，经过讨价还价，妈妈用130块钱的价格给艾虎买了一双轻薄透气型的运动鞋。

　　讨价还价是生活中一件非常有学问的事情，很多男孩在购物的时候喜欢拿着就走，不砍价，也不看商品的质量。上文中的艾虎属于比较听话的男孩，在妈妈的带领下不但买到了喜欢的鞋子，还学到了怎样跟店铺老板砍价。

　　不过并不是所有的男孩都像艾虎那样，能耐心地跟妈妈购物的。一些男孩在跟大人去购物的时候，常常因为家长跟店主的讨价还价而感觉别扭，显得不耐烦，觉得为了几十块钱拉拉扯扯的很丢人，为什么不能大方一点直接给钱走人呢？

　　这不仅是男孩性格急躁的问题，而是对生活认识不够深刻的一种表现。"要面子"是一种很常见的心理，虽然不至于被打上"虚伪"的标签，但如果任其发展下去会对男孩的性格产生影响，养成一些坏习惯。因此，男孩应该正确认识"砍价"背后的意义。

　　"砍价"并不是因为家长小气，而是一种珍惜劳动成果的表现。我们从小就学过"谁知盘中餐，粒粒皆辛苦"的诗句，砍价也正是这个道理，是一种节俭的行为。男孩应该向妈妈多学习砍价的技巧，同样一件商品，用最低的价格买到才是最正确的做法。

　　英国女王伊丽莎白二世常说的一句话是"节约便士，英镑自来"，意思是节约每一分钱，不做不必要的浪费，财富自然就会来找你。每天夜晚她都检查一遍白金汉宫的走廊和大厅的灯是否熄灭，就连牙膏都要坚持用到实在挤不出来才会扔掉。

145

要说财富，伊丽莎白女王已经够富有了，可她依然保持着节俭的生活习惯，珍惜每一枚便士，这也是一种尊重财富的行为。所以，男孩在购物时不要因为难为情而不敢跟店主砍价，其实在砍价的过程中，还能培养自己的理财思维和交际能力。砍价的目的并不是一定要让店主把价格降到多少，而是从砍价的过程中提高自己的观察能力，从商品的质量判断价格，做出正确的选择，达到节俭的目的。

成长有方法

1. 砍价的目的在于锻炼自己的判断能力，而不是一味地砍低价格，因为商品的价格跟质量，在大部分情况下是成正比的。

2. 在砍价的过程中，学会辨别商品质量的好坏，掌握一些基本的商品知识。

3. 男孩在购物时要有计划，可以事先向大人询问某种商品的大概价格，然后再进行砍价。

第七节　看清广告的诱惑

元杰最近迷上了电视广告里常常播出的一种玩具，要爸爸带他去买。爸爸平常工作很忙，周末都没时间休息，更没时间带元杰去买玩具，就对他说："你找妈妈去，让妈妈带你去买吧。"爸爸摸了摸元杰的头就走开了。

元杰看着爸爸的背影，觉得很委屈，垂着头沮丧地去找小朋友玩了。

146

妈妈听到了，第二天她上街时顺便把玩具买了回来，本以为儿子看到玩具会很开心，谁知道元杰只是看了妈妈一眼，便一声不吭地走开了。

"儿子，你不是一直吵着要买这个玩具吗？妈妈给你买回来了。"妈妈微笑着招呼元杰过来。元杰却翘起小嘴，看都不看妈妈一眼就走开了。

"咦？元杰这是怎么了？"妈妈有点儿纳闷，难道是因为爸爸不带他去所以生气了？

晚上，爸爸下班回家，妈妈便把上午发生的事情讲给爸爸听。爸爸听完，认真地看着元杰，对他说："儿子，别生气了，等爸爸有时间的时候再带你去买玩具好不好，妈妈买的玩具也可以玩的嘛。"

"我不要妈妈买的。"元杰生气地嚷着，"电视里说的是，一定要跟爸爸去买玩具。爸爸不带我去，我就不要玩具。"

原来元杰说的是电视里最近一直在播的一则玩具广告。广告里说要爸爸带着去买，所以儿子才非要爸爸带他去买玩具。

爸爸妈妈叹了口气，无奈地摇摇头说：看来广告对孩子的影响还真不小。

故事中的男孩对电视广告着了迷，不但要买玩具，而且必须是爸爸带他去买才可以，对妈妈买回来的玩具他不屑一顾，让爸爸妈妈很无语。可这种情况在生活中也是常常出现的。

现在的电视广告让人眼花缭乱，对商品的包装也做得越发精致，一切从符合男孩的心理出发，并且还会请一些深受男孩喜欢的明星偶像代言产品。经过商家的包装，本来普通的商品在男孩眼里变得神秘并且充满诱惑。由于男孩处于青少年时期，对商品和经济的认识不够深，无法分辨电视广告的销售手段，因而很容易出现上文中元杰的情况。

男孩从电视节目中能学到不少知识，很多电视节目也能增加男孩对知识的兴趣，对学习是有好处的。可是有一些电视节目也是不利于男孩成长的，比如那些过分夸张的商品广告，极其容易让男孩产生想买的念头，如果欲望得不到满足甚至影响孩子的心情。

英国曾经有一项针对儿童进行的调查，专家对 200 名男孩进行测试，分别提供了两份品质相同但包装不同的蛋糕。一份蛋糕经过精心地包装并且贴上了知名品牌的标签，另一份蛋糕只是普通包装，并且没有贴任何标签。专家让男孩们品尝，并进行评价。结果大多数男孩子认为贴了品牌标牌包装的蛋糕味道更好。

研究还发现，经常看电视的男孩在购物时更倾向于选择在电视广告中出现的商品。可见，广告的确会影响男孩对商品的选择。

每天，我们都可以看到不计其数的广告，除了电视，还有杂志、网络和公交车身的广告。可以说广告无处不在。而广告的作用无一例外地是起到促进消费者购买的作用，引导大家去消费。并且所有广告都有一个共同的特点，就是"夸张"，过分宣传商品的优点和作用，因此男孩要学会辨别电视广告的真实性，不要被广告迷惑，盲目地追随电视广告中的商品，做到理性、正确地消费。

成长有方法

1. 男孩要培养自己的怀疑能力，在看广告时思考一下，"这到底是不是真的"，这样有助于分辨出广告的内容是否真实。

2. 平常多向家长询问关于电视广告内容的问题，多了解一些电视广告的目的自然就能分辨出广告的真实程度。

3. 不能因为广告而产生攀比心理，要培养自己正确的消费观，对广告商品保持理性的态度。

第八节　学习"捡破烂"的技巧

星期天早上，"妈妈，我的袜子破啦。"子俊大声喊着，说完把破袜子扔进了垃圾桶。妈妈走过来，把袜子从垃圾桶里拣出来，看了看，对子俊说："才破一个小洞，洗干净了还有别的用处，不必扔掉的。"

子俊一副不以为然的表情，心里偷偷地想：妈妈好小气，破袜子也要留起来。接着走到洗手间洗漱去了。

不一会儿，洗手间又传来子俊的声音："哎呀！香皂用完啦。"

妈妈拿着一块新香皂走到洗手间，顺便问子俊："不是还有一小块吗？"

"哦，我看只剩一点了，不方便用，就把它扔了。"子俊拿起新香皂开始洗手，一点儿也没意识到他的浪费行为。

妈妈叹了一口气说："你呀，就是喜欢浪费，别看这么点东西，其实它也有大用途呢。"

"破袜子、香皂头能有什么用处啊？真是小气鬼。"子俊不满地说。

妈妈没说什么，只是摇摇头，捡起子俊扔掉的香皂头。

转眼就到了春节。春节前有一件重要的事情——打扫卫生。在传统的习俗里，新的一年到来之前要把卫生打扫干净，寓意除旧迎新。于是子俊和家人也准备开始大扫除了。

想要把家里的每一处都打扫干净，就要用到很多工具，什么清洁剂、拖把、抹布等，缺一不可，而且用量还很大。子俊以为妈妈要派他去买这些清洁用品呢，可妈妈神秘地笑了笑，说："孩子，不用买清洁用品，我有'秘密武器'！"

"你到电视机下面的柜子里看看就知道了。"

子俊好奇地走到电视机柜子下，拉开抽屉，看到里面放满了他穿过的破袜子、旧衣服、香皂头之类的"废品"。

"今年我们不用花钱买清洁用品，让这些不起眼的'废品'来大显神通吧。"妈妈说完拿起一堆香皂头放在水盆里，用热水化开就成了一大盆清洁剂。子俊试了试，效果不比商店里买的清洁剂差。

妈妈把旧衣服剪成抹布，分给子俊和爸爸，让他们擦玻璃，又把剩余的布条和袜子做成一个简易拖把，开始拖地。

"妈妈，我知道了，以后那些'废品'我都留起来，不乱扔了，它们真的大有用处呢。"子俊懂事地说。

大部分男孩都有不拘小节的个性，对家里一些常见的废旧物品不会想到要"回收再利用"，日常用品比如牙膏、香皂之类的清洁用品常常是还没用尽就换上新的了。也许是生活经验比较少，男孩对这些小东西的利用方法还没掌握，这就需要大人的教导，学习一些生活的技巧。另外一种情况就是明知道可以利用，但是不在乎，这是一种错误的态度。

很多商品都可二次利用，只要稍微改造一番就可以派上用场，男孩要懂得学习利用的方法。别看只是一些旧衣服、破袜子，懂得利用它们在某种程度上来说也是一种理财方法。男孩在丢弃某件物品前，应该发挥自己的想象力，看看还能不能"废物利用"。这也是一种开阔思维的方法。

男孩的理财观念要从小培养，也要从"小"做起。一些旧报纸、旧杂志和空饮料瓶之类的，可以试着将它们分类，积攒起来卖到废品回收站去。这样既处理了废品又保护了环境。

日本的丰田汽车公司，在管理上也是从"小"做起。手套破了一只要拿旧的去换新的，办公纸要两面都用了才可以丢弃，就连抽水马桶的水箱里也要放一块砖节约用水。这就是世界知名企业的节约原则。

　　因此，男孩不要小看那些不起眼的"废品"，正是从点滴做起才能培养正确的财富理念，所有成功的路程都需要一步步走，没有捷径可寻，财富的积累也一样，树立起正确的财富观，从小做起才能取得大成功。

成长有方法

　　1. 在课余时间，男孩应该适当帮妈妈做些家务，这样才能学到更多的生活知识。

　　2. 养成节俭的习惯需要长时间地坚持，不能三天打鱼两天晒网，要适当鼓励自己。

　　3. 懂得利用"废品"需开动脑筋，在增长生活经验的同时还能增长智慧。

第六章

好品质男孩要亲身体验的 8 件事

好品质是一个好男孩必不可少的特征。你的相貌可以不帅气，但你的内心却不可以不善良；你的身材可以不强壮，但你却不可以不勇敢；你的能力可以不是很强，但你的诚信却不可以透支。

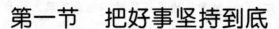

第一节　把好事坚持到底

　　重庆市石蟆镇郭坪村有一条石板路，大概有 1.5 千米长，是村子里的交通要道，由于年久失修，这条路已经显得很苍老了。但是，路上却非常干净，很少能看到垃圾，连道路两旁的野草也被修剪得整整齐齐。外村的人经过这条路时经常问，"你们村子的路怎么这么干净啊?"这时村子里的人就笑着说："都是老李的功劳。"

　　老李的名字叫李治华，他是一个普通的农民，一个大字不识几个却做了一辈子好事的好心人。12 岁那年，一场意外夺去了李治华父母的生命，他在一夜之间变成了孤儿。虽然很痛苦，但是日子总要过下去，李治华擦干眼泪开始自力更生。还是一个小孩子时他就独自当家，既要做农活又要做家务，每天忙得团团转。村民们看到后很心疼，邻近的村里人总是给他一些力所能及的帮助，离得远的住户也会在农忙时节帮他插插秧、打打谷子，李治华非常感激村里人给予的帮助，从那时起他就发誓一定要做一个好人，为村民们的幸福生活贡献一份力量。

　　李治华家的附近有一条河，一到夏天河水就涨得很高，人要是不小心落下去就非常危险。为了保护村民们的安全，李治华在河边立了一个"小心落水"的牌子，但是还是有不少村民从河边经过时会不留神滑进河里。李治华水性很好，在这条河里，他至少救了 5 个人。

155

村子里的孤寡老人很多，李治华经常帮助他们挑水、砍柴，给他们外出打工的子女减轻了不少负担。他很勤快，菜园子里一年四季都是绿油油的，不是青菜就是白菜，而且只要菜一长好他就跑东家跑西家地送去，把村民们当作自己的亲人一样。

有一次，经过村子里的石板路时，他发现路上的垃圾实在是太多了，而且路两旁的杂草长得也太高了，很不方便村民们行走，于是他就开始当起了道路清洁工和杂草修剪工，一坚持就是59年。从12岁开始，他一直坚持做好事，这已经成为他生活中必不可少的一部分。

在李治华最困难的时候，村民们给了他很大的帮助，从此，李治华发誓要做个好人，为村民们服务，而且一直坚持了59年。村民们的善举感动了李治华，而李治华的回报又让整个村子的人都受了益，可见，帮助其实都是相互的，你来我往才能形成良好的社会风气。

做件好事有时候对你来说只是举手之劳，却能给对方带来很大的好处。

有一个渔夫，他发现自己的船褪了色很不美观，就打算让漆工帮助他给船"化化妆"。漆工做完自己的工作后看见他的船漏了一个洞，于是就顺手补上了。在他看来这本来是一件非常容易的事，可是过了两天，渔夫却提着大包小包的海鲜和虾贝来感谢他。漆工推辞说，"这是顺手的事，不需要这么客气。"渔夫感慨地说："您不知道，第二天我的两个孩子就开着船出海了，可是我突然想起来船底破了一个洞，就急忙出去追他们，谁知竟没有追上。本来我想，这两个孩子怕是要葬身海底了，可是傍晚的时候他们却平安地回来了。我一猜就是您帮忙补上的，要不是您，我的孩子可就没命了。"

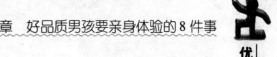

　　漆工补船虽然只是一件顺手的事情，却无意中救了渔夫的两个孩子，所以，"勿以善小而不为"，一个简单的善良之举说不定能给他人带来很大的好处。

　　做好事不但能给他人带来益处，也能够给自己带来好心情，还可以提高自身的道德修养。一个经常做好事的人，即使他没有什么文化，也没有什么钱财，但是他的心灵是美的，道德是高尚的。如果你能够坚持做好事，并把做好事当作一种生活习惯，那么你就会发现自己每一天都过得很开心，因为受益者非常感激你，而旁观的人也会对你投来赞许的目光。

成长有方法

　　1. 你要坚持做一些看起来很小的好事，比如拧紧滴水的水龙头，扶起被大风刮倒的垃圾箱，清理掉违规张贴的小广告等。

　　2. 看到有人陷入困难时主动上前去帮助他。不过做好事也要理智一些，比如当你自己不会游泳时就不要下水去救人，赶紧找他人帮忙。

　　3. 你可以把自己的零花钱捐给贫困地区的儿童，为他们献一点爱心。

第二节　用心给父母洗一次脚

　　晚饭后母亲去厨房洗碗，儿子悄悄地站在厨房门口看着她，好像有什么话要说，但是一直都没有说出来。收拾好厨房以后，母亲回到了客厅，他发现儿子正坐在沙发上发呆，于是就问："你怎么不去写作业？"

儿子红着脸，小声地说："妈，老师让我给您洗一次脚，这是今天的家庭作业。"

妈妈听了觉得有点儿不好意思，笑着说："洗什么脚啊，不用。"

儿子坚持说："不行，这是老师布置的作业，我必须完成！"于是就端来一盆调好温度的水，硬是把母亲的脚放进了水里。母亲还在推辞着说："不用不用，我自己来吧！"可是儿子没有听她的话，把手伸进了水里，给母亲洗起脚来。

这是儿子头一次给母亲洗脚，他摸着母亲厚厚的脚底问："妈，你的脚怎么长茧子了？"母亲没有回答他，等他抬起头的时候才看见，母亲的脸上正淌着两行泪水。他的嗓子突然哽住了，低下头继续给母亲洗脚。

当他光滑的手指触碰到母亲粗糙的脚趾时，他在心里问自己，"要走多少路才会把脚趾磨得这么粗糙？"洗着洗着他发现母亲左脚大脚趾的指甲上有一块儿是黑色的，就问："妈，指甲怎么会变黑呢？"

母亲静静地答道："鞋挤的。"

他好奇地问："哪双鞋？"

母亲说："就是去年和你逛街买的那双。"

他回忆起来了，当时为了省下钱来给他买一双"李宁"运动鞋，母亲就在路边随便买了一双20元的鞋。他突然觉得，母亲的脚之所以这么粗糙和他有很大的关系，于是他不停地按摩母亲的脚底和脚趾，好像这样就能够让母亲的脚马上变得光滑一样。

水凉了，母亲说："好了，你快去写作业吧！"儿子把母亲的脚擦干，又给母亲穿好拖鞋，然后端起盆子走了，一句话也没有说。母亲却欣慰地笑了。

故事中的儿子在老师的要求下给母亲洗了一次脚，他发现母亲的脚已经长满了茧子，心中感慨万千。而母亲也为儿子孝顺的举动激动不已，流下了欣慰的泪水。一次简单的洗脚无意间让母子二人进行了情感的沟通，儿子终于体会到了母亲的辛苦和爱。

为父母洗脚是一种简单的孝举，但是却很少有人能够做到。

　　这一点三一集团的创始人梁稳根就做得很好，虽然平时的工作非常忙，但是他总会抽出时间来陪陪自己的父母，而且还经常给父母洗脚。只有像如此孝顺父母的人才能够对自己的家庭、对自己的企业、对自己的员工负责，才会把三一集团做的这么成功。

中国有句古话说"百行孝为先"，也就是说，在所有的品德中，孝顺是最重要的。古时候朝廷经常在乡屯里选拔贤孝的人加以封赏赞誉，也流传着很多孝子的感人故事，比如董永卖身葬父、朱寿昌弃官寻母等。之所以推崇孝道，最简单的原因就是为了我们，父母宁可放弃自己的利益，用他们的青春和心血换来我们的健康成长。所以，孝顺父母是我们的责任，也是我们的义务。

孝顺父母能够让你对家庭、对自己更有责任感。孝顺父母的人能体会到父母的辛苦，经常为父母考虑，也因此而更珍惜父母的给予，不会向父母提出过分的要求，而且还会主动替父母分担一部分家庭的责任。孝顺父母的人对自己也是很负责任的，因为他知道父母为自己付出很多，所以就不会荒废自己的人生，而是让自己的每一天都过得更有意义，争取长大以后成为对社会有用的人，只有这样才能回报父母的养育之恩。

孝顺父母的方式有很多，可以经常在言语上表示自己对他们的关心和爱，也可以在行动上给他们一些更实际的帮助，比如帮父母做家务，在他们感觉疲惫的时候给他们做个按摩等，还可以给他们一些物质上的安慰，比如赚点小钱给他们买一套护膝、买一副手套等，既实用又温馨。

159

成长有方法

1. 除了给父母洗脚之外，你还可以给父母做个简单的按摩，让他们紧张一天的身体放松一下。

2. 经常在言语上表示自己对父母的爱和关心，比如"您很累吧?""您最近身体怎么样?"等，或者干脆学学外国人的直接，说一句"我爱您"。

3. 赚点小钱给父母买几件礼物，不需要太贵重，只要能够给父母带来实用价值就好。

第三节　去敬老院义务服务两三天

中秋节前夕，班主任对同学们说："中秋节要放三天假，谁想去市敬老院去义务服务三天呢?"班主任在讲台上等了很久，可是只有两三个同学报了名，大家这种缺乏服务意识的行为让他很失望。

看着愁眉苦脸的同学们，他意味深长地说："明天就是中秋节了，可是敬老院的老人们却不能和家人团聚。你们难道忍心让一群孤单的老人看着中秋的圆月伤感吗?"同学们听了很有感触，然后踊跃地报名参加。

中秋节这一天，同学们坐上了开往市敬老院的车，一路上大家说说笑笑，都炫耀着自己给老人们准备的中秋节礼物。看到这种活跃的气氛，班主任非常高兴。

走进敬老院，同学们在管理员的带领下进入了老人们的宿舍，刚开始和老人们接触时同学们都有点儿拘束，还好老人们比较热情，主动对大家嘘寒问暖的，慢慢地大家也和老人们熟悉起来。为了让老人们好好过一个中秋节，同学们开始打扫房间的卫生，扫地的、擦桌椅的、收拾床铺和衣物的，忙得不亦乐乎。到了晚上，每个小房间里都有自己的联欢晚会，每个同学都准备了几个小节目给老人们解闷，逗得老人们哈哈大笑，整个敬老院沉浸在欢乐的氛围里。

第二天和第三天的工作强度很大，大家不但要给老人们洗衣服，还要去食堂帮助厨师给老人们准备饭菜，空闲时还得听老人们唠家常。虽然辛苦，但是大家都干得很起劲儿，谁也没有抱怨。这两天他们既体会到了敬老院工作人员的辛苦，又感受到了老人们的孤单。这些老人大都是生活不能自理的，除了生活不便外，他们的心里也有很大的压力。一位老人说："我也不想麻烦别人，可是我什么都做不了，又能怎么样呢？心里愧疚得很啊！"

回家的路上，同学们都有些意犹未尽，这三天过得既充实又有意义，大家都商量着什么时候再来陪陪这里的老人，看着他们积极的样子，班主任欣慰地笑了。

在班主任的带领下，同学们去敬老院义务服务了三天，这三天让他们体会到了身为服务人员的辛苦，而且很多同学还计划着经常去敬老院帮忙，不但能减轻敬老院工作人员的负担，还可以陪陪这些孤单的老人。

去敬老院陪伴老人要讲究一定的方法。因为敬老院的老人身体大都不太好，而且内心比较寂寞，这时候就需要拿出你的耐心，认真地听他们诉说自己的委屈和成就。尤其是对一些患上老年痴呆症的老人，你更要拿出十二分的耐心，不要对他们的言语表示厌烦，要用你的微笑和理解让他们感受到真诚。

有的老人因为活动不便而长时间闷在屋子里，脾气会比较暴躁，有时他们会对你的工作表示不满意或者直接对你发火，这时候你一定要理解他们。其实他们并不是真的在为难你，只是借此来转移内心的烦躁。对待老人应该像对待小孩子一样，要有足够的耐心和宽容。

和老人相处时最重要的就是沟通，沟通能够让双方放松心情，拉近心理距离，减少陌生感。

有一个老人，因为身体不好就被儿女抛弃了，进入敬老院之后他每天都很悲伤，因为他一直不能接受自己被儿女抛弃的事实，经常一个人坐在屋子里哭泣。平时他总是少言寡语的，不愿意和管理员及其他的老人交谈，大家以为这就是他的生活方式，所以也都没在意。可是有一天，就在大家吃晚饭的时候，他留下一封遗嘱自杀了。遗嘱上说"我只是希望儿女们能够来看看我，听我说说话，为什么就这么难呢？"如果能有一个人积极地开导他、安慰他，那么他就不会对生活感到绝望了。

去敬老院服务能够提高你的服务意识和实践能力。我们每天都生活在老师和家长的呵护下，有的同学就对社会缺少服务意识，总觉得一切事情都和自己没有关系，所以要去敬老院做一次服务，提高自己的服务意识。在日常生活中，有的同学缺乏主动承担家庭责任的意识，很少做家务，去敬老院体验几天，主动做一些简单的打扫工作，真实体验一下做家务的辛苦，同时也锻炼一下自己的实践能力。

成长有方法

1. 除了去敬老院义务服务外，你还可以参加一些社会机构组织的义务服务活动，比如去医院做义工、绿化小区环境、去灾区当志愿者等。

2. 经常参加班级组织的义务劳动，比如冬天主动和同学们去扫雪、清理校园垃圾等。

3. 加强思想品德课程的学习，多看一些义务服务的事例，培养自己的服务意识。

第四节　提醒自己做事情讲求诚信

一天早上，徐砺寒像往常一样高兴地骑着自行车去上学。今天的阳光特别好，他仰头看了一会儿蔚蓝的天空，刚陶醉了一会儿，一低下头却看见前面停着一辆小汽车，他没有来得及刹车，刹那间，自行车和小汽车就来了个"亲密接触"。

惊魂稍定后，他下车仔细检查了一下，自己的车倒是没什么大碍，可是小汽车的后视镜被划伤了，露出一道深深的划痕。他吓坏了，整个人都僵在了那里。缓缓神后他想："不行，我得找到车主，不能就这么走了。"可是没有人来找这辆车，他只好在原地干等着。

十分钟过去了，二十分钟过去了，车主依旧没有出现，他一边焦急地等待一边担心。因为他注意到这辆车的牌子是"宝马"，而且很清楚，这笔赔偿金一定会很高，他非常害怕车主会"狮子大开口"，向他索赔高额的赔款。这二十分钟也过得像二十年一样漫长。

他看了看表，上课的时间就要到了，没办法，他只能从书包里拿出纸和笔，写了一张留言条，"尊敬的车主：我是扬州大学附属中学的学生，上学途中不小心划伤了您的车。因为没有及时找到您，所以留下了这张字条。联系方式：×××。"

在他准备离开的时候，车主来了。他赶紧迎上去说："先生，对不起，我弄坏了您的车，已经等了您很久了。"

车主一来就发现车被划伤了，本来很生气，可是当他听到徐砺寒诚恳的道歉后，心里的怒火小了很多，他又看了看徐砺寒留下的纸条，心里感慨："真是个诚实的孩子！"他顿时没有了怒气，拍拍他的肩膀，笑着说："赶紧上学去吧孩子，别迟到了！"

徐砺寒愣了一下，问："您难道不用我赔偿吗？"

车主笑道："你的诚实足够做赔偿金了，快走吧！"

徐砺寒如释重负，高兴地感谢了车主的宽容，骑着车飞快地向学校跑去。

划伤小汽车后，面对没有车主的现场，徐砺寒完全可以扬长而去。但是，诚实的他选择了主动承认错误，争取得到车主的原谅，这种品质感动了车主，车主不但没有索要赔款，还赞扬了他可贵的品质。诚信是一个人的基本素养，也许你的学习成绩并不出色，也许你的外表并不帅气，但是只要你讲诚信，同学们就会非常尊重你，也很喜欢和你交往。

讲诚信的人一般都很有人缘，因为他们能够说到做到，大家很信任他们，也喜欢和他们往来，倘若他们遇到什么困难，朋友们也都愿意伸出援手。相反，不讲诚信的人往往孤立无援，而且会被人瞧不起，因为谁也不愿意和一个骗子交朋友。我们都对"狼来了"的故事很熟悉，因为放羊的孩子总是撒谎骗大家说"狼来了"，后来大家就不再相信他说的话，等到狼真的来了时，他无论怎么喊都没有人肯帮助他，于是他的羊就被狼叼走了。这就是不守诚信带来的恶果。

讲诚信的人往往会受到别人的尊敬。

宋朝时的文学家司马光是个非常讲诚信的人，一次他的仆人隐瞒真相把一匹生病的马高价卖给了别人，司马光知道后很生气，硬是让仆人把那匹病马领了回来，退了买家的钱。司马光是朝廷的重臣，即使高价卖出了生病的马也不会有人敢说三道四，但是，一向讲诚信的他宁愿让病马在自己家中老死也没有欺骗买主，这种坦荡、诚实的做法赢得了百姓的尊重。

讲诚信不但能给自己带来好处，也可以净化社会风气，减少社会中的欺骗行为。如果每个人都有很强的诚信意识，那么我们就不会吃到注水的猪肉，不会买到掺了沙子的大米，饭店也不会再用地沟油给客人炒菜。慢慢的，我们的社会风气就会越来越好，人与人之间的关系也会越来越亲密。

成长有方法

1. 经常提醒自己，和朋友交往时要守信用，提高自己的诚信意识。

2. 做错事的时候不要故意隐瞒，应该主动向对方承认错误，争取得到对方的原谅。

3. 不要轻易对朋友做出许诺，因为有一些事情不在你的能力范围之内，如果办不到只能让朋友感到失望，而且自己的诚信也会受影响。

第五节 亲自去贫困地区走一圈

某市第一中学的消息栏上张贴出这样一则消息，"本校近期要组织学生去慰问贫困山区的学生，请同学们踊跃报名参加，也可以捐献出自己的衣服和学习文具"。初二八班的李建看见这条消息后觉得很有意思，心想，"我不穿的衣服还会有人想要吗？"不过，因为从来没有去过山区，所以他想报名参加这次活动，就当是旅游了。出发前一天，他把旧衣服和看过的课外书收拾出来，装了整整一大袋子，他从来都不知道，自己原来买过这么多

165

衣服和书。第二天，他们出发了，李建一直看着窗外，他害怕错过什么美丽的风景，可是这一路除了绿树就是高山，李建有点儿审美疲劳了。等到看见房屋时他傻了眼，因为这里的房子低矮又破旧，就像是被废弃的一样。

车终于停了，终点是村子里的唯一一所小学。他下车一看，学校的房子已经很老了，而且窗户都是用塑料布糊上的。他走近教室，因为学生们都在上课，所以他只是透着塑料布向里看了看，教室只有一块发白的小黑板和十几套破旧的小桌椅，地面是泥土的，坑坑洼洼。他简直不敢相信自己的眼睛，这样的环境怎么能学习呢？可是同学们却正在跟着老师大声地读课文，非常认真。

下课铃响了，同学们都跑出来，把他们的校车围在中间，看着他们打着补丁的衣服，李建心里很不是滋味。

放学后，李建跟着一个混熟的学生到他们家做客。这个学生刚一到家就往厨房跑，李建问："你这是做什么？"学生说："我要生火做饭啊，不然咱们晚上吃什么！"李建听了心里震动了一下，因为在他的家里，刚一到家，妈妈就会把饭菜摆上桌子。李建没有说什么，只好帮着他把木柴放进灶里，好让火更旺些。这顿饭没有肉，也没有汤，只是几个少盐少醋的素菜，不过他吃得很有滋味，因为这是他第一次自己帮着下厨做好的饭。

这次贫困山区之旅让他很震撼，他终于真实地体验到了山区孩子的贫苦，也认识到自己生活的环境有多么美好，回到学校后他的学习态度转变了很多，也会试着帮父母做家务了。有时他还会省下零花钱买一些文具寄给山区的学生们，他变得有爱心、也有同情心了。

去贫困山区走一遭后，李建感受到了山区孩子们的贫苦，也认识到和他们比起来自己有多么幸福，从此他开始珍惜自己的生活，也变得有爱心、有同情心了。一直生活在城市、沉浸在老师和父母的呵护下的你，应该走出繁华的城市，到贫困山区走一圈，切身感受一下贫困山区的孩子们的生活，不但能够让你更真实地认识这个社会，也会让你变得更有爱心。

去贫困山区走一走是培养爱心最直接的办法。当你看到那里破旧的房屋时，你会想给他们修建一栋结实的大楼；当你看到那里的孩子穿着打补丁的衣服时，你会想把自己的衣服送给他们；当你看到孩子们写字的铅笔已经削得很短时，你会把自己新买的文具寄给他们。渐渐地，你还会把这种爱心带入自己的生活中，比如当你看见一个行乞的老人时，你会顺手把自己的一元钱放进他的碗里，当看见一只流浪狗可怜兮兮地盯着你时，你会把自己手里的零食给它吃等，爱心就是这样培养起来的。

去贫困山区走一遭后，你会更加珍惜自己的生活。和贫困地区的孩子相比，你的成长环境和物质条件都要优越得多，可是如果你没有经过比较，你就无法体会到自己是多么幸福。所以体验一次贫困地区的生活会让你对自己的生活环境非常满意，也会让你懂得珍惜自己的衣服、食物、书籍、文具等，而且还会让你对父母非常感恩，因为是他们给了你这一切。

体验一次贫困地区孩子们的生活还会激励你奋发图强，他们在那么艰苦的环境下都能认真地学习，取得优异的成绩，那么条件如此优厚的你更应该有个好成绩，有个好前途。他们捧着旧书读得津津有味、在昏暗的灯光下刻苦学习的精神会激励你克服学习上的困难，鼓励你不断进步。

成长有方法

1. 去贫困山区之前先了解一下当地的具体情况，最好给那里的学生带一些小礼物，比如衣服、书本、文具等。

2. 多和当地人沟通，了解他们的生活状态、生活方式、心态等，学习他们艰苦奋斗的精神。

3. 去当地的学校走一走，看看学校的教学条件，感受学生的学习氛围，鼓励自己向他们学习。

167

第六节　常怀一颗感恩的心

有个农村男孩考上了县里的高中，因为家里贫困支付不起学费，于是他就利用假期的时间打工赚钱。为了能够多赚一点钱，他就做起了促销员的工作，除了能有几百块的底薪外，每卖出去一件产品就能得到十块钱的提成，这让他非常高兴。

可是促销员的工作并不好做，不但要东奔西跑、日晒雨淋，而且经常好几天卖不出去一件产品。有一次他向一位顾客介绍了足足两个小时也没能把产品推销出去。当时天气很热，他因为说话太多而口干舌燥，本来想买一瓶矿泉水解解渴，可是这个地方很偏僻，他找了半天也没见到一家商店，无奈之下他就敲响了一户人家的大门。开门的是一个比他大些的女孩，他礼貌地说："您好，我找不到商店，您能给我一杯水吗？"女孩看了看他，然后回到屋里给他倒了一杯果汁，那是他喝过的最甘甜的果汁。

后来，这个男孩通过自己的努力考上了一所知名的医科大学，毕业后在一家大医院做了医生。多年后的一天，有一个重病患者被送到他们的医院来，他正好是主治医生。当他看到这个患者时，一股亲切感油然而生，他仔细回想，原来这个患者就是当年给他一杯果汁的女孩，于是他做起手术来就更加认真了。

手术很成功，这个女人脱离了危险，他很高兴自己终于能够为当年的恩人做点什么了。女人住院疗养的半个月里，他一直非常关心她的康复情况，经常到病房探望她的病情，时刻关注她病情的发展。

半个月后女人可以出院了，可是当她看到昂贵的医药费和手术费时眉头皱得紧紧的，她一时根本拿不出这么多现金，只好和收银的工作人员进行协商。他看到后就走过去在收银员的耳边小声说了几句话，之后收银员就笑着对这个女人说："我们医院这次不收手术费，您只要付了医药费就好。"女人听后非常高兴，赶紧付了医药费，办好出院手续后离开了。他看着女人离开的背影开心地笑了。

故事中的男孩在饥渴的时候受到了女孩的帮助，他一直非常感谢女孩，但是当时没有能力回报她，多年以后，他终于回报了女孩的恩情，心里非常高兴。即使当年接受的只是一杯果汁，但是这个男孩依然铭记于心，而且对女孩的回报非常丰厚。这就是我们常说的"受人滴水之恩当涌泉相报"。

感恩是一种传统的美德，懂得感恩的人都是善良的人，他不但会回报曾经帮助过自己的人，还会力所能及地去帮助他人。

有一个流浪汉，他靠画像为生，但是生意经常不好做，他总是吃了上顿没下顿的。有一次他一连饿了三天，百般无奈之下他只能沿街行乞。一个过路的人看到他的画夹后就问他："你是画像的吗？"他答道："是。"过路人说："给我画张像吧。"他听了高兴极了，赶紧认真地给过路人画了张像。画好以后，过路人接过画像说："你画得真好！"于是就给了他20元钱。他急忙说："一张画只要5元。"过路人说："我觉得这张画值20元。"然后就拿起画像走了。后来他成为一位有名的画家，而且一直在寻找这个曾经帮助过他的人，不过他并没有找到。但是，只要看到有人需要帮助他就会伸出援手。这些年他一直怀揣着一颗感恩的心，由于找不到当年的恩人，他就把身边的每一个人都当作自己的恩人，经常做善事。

所以说感恩能够让人变得更加善良。

感恩其实也是一种生活态度，长怀感恩之心能够让你变得豁达、乐观。

美国总统罗斯福的家里有一次遇到小偷，丢失了很多钱财，但罗斯福却对那个小偷非常感激，他说："他只是偷走了一些钱财，并没有伤害我的性命，我怎么能不感激他呢？"

怀着一颗感恩的心会让你把挫折当作财富、把责骂当作激励、把冷漠当作考验。总之，感恩能让你变得更加乐观、更加热爱生活。

成长有方法

1. 如果你没有及时感谢帮助过你的人，或者当时没有能力回报他们，那么就把他们的名字写在本子上，将来找机会去报答他们。

2. 俗话说"受人滴水之恩当涌泉相报"，所以无论别人给你的帮助有多小都要记得感谢和回报他们。

3. 从感恩父母做起，懂得感恩父母才会更懂得感恩他人。

第七节　做一天的班长

七年级二班从开学以来一直实行"班长轮流制"，也就是每个同学都要当一次班长，今天该轮到马林了。凡是当过班长的同学都抱怨说"太累了"，"赶上集体活动的时候忙得你晕头转向"，所以马林从昨天晚上就一直祈祷今天学校不要组织什么集体活动。

偏偏不巧的是，昨天晚上天气突然大变，半夜里就下起了鹅毛大雪，等到天亮时地上已经积了厚厚的一层雪。马林一出门就知道，今天学校肯定要组织大家扫雪，他有点儿紧张，恐怕自己无法很好地带领同学们完成任务。

来到教室后，他看见大家都没有上早读，一个同学扛着扫帚大声说："班长，刚才年级主任说让去扫雪呢！"

他问："有没有说具体地点？"

那个同学答道："我没有问，你去问问吧。"

于是他就急忙跑去主任的办公室问清楚，等回来的时候，他发现班里已经乱成一锅粥，几个男生正在进行"扫帚大战"，满教室里乱跑。他站在讲桌上用黑板擦使劲儿地敲着桌子，好不容易才让大家安静下来。他非常生气，可是现在没有时间"教训"他们，只好开始分派任务。

到达清扫地点后，马林催促大家赶紧干活，争取提前完成任务，可是同学们总是因为一些小事闹矛盾，不是抱怨"我们的任务太多了"就是指责"他们偷懒了"，大家的动作非常慢。为了按时完成任务，马林就主动多干了一些，虽然非常累，但是他连一句抱怨的话也没有说。

这一天终于过去了，马林总结了自己的学习和工作情况，他发现，当班长真的很不容易。不但要有一定的组织能力，还要和同学们做好沟通，既要考虑班级的荣誉，又要主动承担更多的工作，还不能耽误自己的学习。他逐渐认识到，如果每个同学都能主动承担责任，那么班长的工作就会容易得多，而且班级凝聚力也会增强。后来，不论是谁当班长他都会认真配合，主动承担自己的责任。

当了一天的班长后，马林终于体会到了班长的辛苦，而且还认识到了身为班集体的一分子，主动承担责任是多么重要。如果没有当过班干部，那么你对责任的体会可能就不会太深，所以，你应该试着做一天班长，增强一下自己的责任意识。

当你成为班长时，你会考虑班级的荣誉，因为班级的荣誉直接反映了你的工作能力。班级的荣誉是靠大家争取的，如果没有一个负责任的班长来带领和指导，那么很多工作都不会顺利进行，很多荣誉也就无法拿到了。身为班长，处处都要为班级考虑，不论是同学们的成绩、班里的卫生还是师生之间的关系，班长都要非常了解，而且还要想办法进行提高和改进。有过一次当班长的经历后你就能体会到，黑板不一定只有值日生才应该擦，教室的地面上有废纸也不应该只有值日生才能打扫，因为这些都是大家共同的责任。

当班长还能够提高你的集体意识。如果你所管理的班级是个松散的集体，凝聚力比较弱的话，你很快就会发现自己工作起来非常辛苦，因为不论你多么努力、多么用心，同学们总是各自为战，这样只会削弱班级的整体实力。而且，一个班长无论能力多么强，倘若没有同学们的配合，他也不会出色地完成工作。所以，有过当班长的经历后你一定会重视集体的力量，而且自身的集体意识也会得到提高。

班长需要有很强的组织能力、沟通能力和应变能力，所以，体验一次班长的工作后你就会发现自己的优势和不足。当你发现自己无法合理安排和组织大家进行学习和活动时，你就要去训练一下自己的组织能力；当你发现自己无法解决同学之间的不愉快，也无法表达清楚自己的观点时，你就要重视一下自己的沟通能力；当你发现自己不能及时而理智地应对突发事件时，你就应该培养一下自己的应变能力。所以，当一天班长能够帮助你更清楚地认识自己的能力，便于自己查漏补缺，全面进步。

1. 虚心向老班长学习管理班级的经验，让自己先有个心理准备，免得工作起来乱了阵脚，眉毛胡子一把抓。

2. 多和老师、同学们进行沟通，清楚大家的需要，工作起来更轻松些。

3. 主动承担责任，给同学们做榜样。

4. 对于如何管理班级要有自己的主见，当然，也应该适当地听取老师和同学们的意见。

第八节　在公共场合表现得要谦虚

有一位书法家，一次他去参加朋友的生日宴会。被邀请来的大都是一些社会名流，一个个西装笔挺、华衣贵服的，只有他穿着平常的休闲装，大家都以为他不过是个寒酸的小作家或者是失意的小艺术家，没有人主动和他说话。

宴会到尾声的时候，主人提议让他给大家写一幅字，宾客们瞟了他几眼，都露出怀疑的表情。其中一个宾客大模大样地站出来说："还是我来写吧！"于是就拿起毛笔潇洒地写起来。

书法家看他写字时的仪态非常轻盈，就凑上去看了看他的作品，然后大声赞赏到："好字，果然是好字！先生的行书写得真好啊！"

宾客听了他的夸奖后笑着说："只有怀素和尚的行书能超过我了！"大家都热烈地鼓掌对他表示赞赏。

这时主人对书法家说："你也给大家助助兴吧，不要藏着掖着了。"

他推辞不过只好拿起毛笔随意写起来，当时那个自称只有怀素和尚能比的宾客正好站在他的旁边，他刚开始写的时候那个宾客连看都不看他一眼，可是他写到第二行字的时候，那个宾客就开始往他的身边凑，而且他每写一笔那个宾客就会赞叹一声。其他宾客也渐渐的被吸引过来，一齐看着他写字，只见那字仿佛游龙一般在纸上舞蹈，姿态极其轻盈优美。

他笑道："献丑了，我真的是学艺不精。"

主人笑着说："你还学艺不精啊，那不知道这个'当代草圣'该由谁来做了！"

大家听了都哑然，原来眼前站着的这个人就是"当代草圣"林散之。

林散之是"中国当代草圣"，在书法界很有名气，但为人却非常谦虚，很受人尊敬。在名流聚集的宴会上，他故意掩藏自己真实的实力，言辞谦逊，展示了书法家谦和的风范和修养。谦虚是一种由内而外散发出来的气质，学着做一个谦虚的人，可以培养你的修养和素质。

俗话说"谦虚使人进步"，一个谦虚的人往往能够学到更多的知识。就像一位文学家说的"为人第一谦虚好，学问茫茫无尽期"。

京剧艺术家梅兰芳不但精通戏曲艺术，在绘画方面也是个行家。他非常喜欢国画，于是就拜当时很有名气的齐白石为师，即使自己已经是家喻户晓的艺术家，但是他对齐白石却非常尊重，而且学习态度很谦逊，总是亲自为老师铺画纸、调墨，出席宴会时也会对老师毕恭毕敬，完全没有京剧大师的架子。齐白石也因此非常喜欢他，对他悉心指导。梅兰芳最终成为一个京剧、绘画都精通的艺术家。

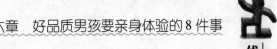

　　所以为人谦虚一些，多向他人请教，你会得到很大的收益。

　　谦虚是一种美好的品德，一个谦虚的人不但能够经常让自己受益，还会得到其他人的尊重，结交到更多的朋友。一个领导如果能够虚心接受下属的建议，那么他的工作能力会越来越强，对员工的影响力也会越来越大。一个老师如果能够虚心接受学生的意见，那么他不但能提高自己的教学水平，还可以得到学生的尊重。一个学生如果能和同学们虚心交往，那么同学们也会喜欢和他做朋友。所以，我们应该做一个谦虚的人。

成长有方法

　　1. 在同学们面前不要锋芒毕露，要谦虚。

　　2. 经常读一些名人谦虚求学、谦虚做事的故事，让自己在潜移默化中受到影响。

第七章

好性格男孩一定会做的9件事

　　有句话说，"江山易改，本性难移"，其实，这种说法并不完全正确，只要用心，坏性格也是可以被改良的。性格既能影响你的人生，也是你个人魅力的体现，好性格的男孩不但能够让一切困难迎刃而解，也可以让很多人把你当作知心朋友。

第一节　不做小宅男，每天出去走走

王晓勇是个闷声闷气的男孩，每天放学回来就把自己关在卧室里，不是看书就是打游戏，连放假的时候都很少出去玩儿。

有一次暑假，父母本来计划着一家人去避暑山庄度假，可是晓勇却说："我不去，你们自己去吧。"这次度假原本就是父母专门为他准备的，想让他出去走走，散散心，不要成天闷在家里，没想到晓勇却丝毫不感兴趣。

妈妈关心地问："你是不是有什么不开心的事？"

晓勇面无表情地说："没有啊，我就是不想出去。"

爸爸对他的态度有点儿不满意，说："一放假你就闷在家里打游戏，出去走走不好吗？"

面对爸爸的严肃，晓勇显得有些烦躁，"我没兴趣！"说完就把卧室的门关上了，倒头就睡。

妈妈叹了口气说："算了，咱们以后再去吧。"父母害怕他一个人不会照顾自己，只好取消了这次度假计划。

在接下来的两个星期里，晓勇从来没有出过家门，早上起得很晚，一觉醒来往往已经是吃午饭的时间了。这一天，中午12点，妈妈叫到："晓勇，吃饭了。"

晓勇在床上躺着，懒洋洋地说："我不吃了，不饿。"

妈妈对他这种行为已经忍无可忍了，生气地大声说："王晓勇，你实在是太不像话了，再这样下去会生病的！"说着硬是把他从床上拽起来，逼着他去洗漱，然后说："我给你报了个游泳班，吃完饭就去学习游泳，以后再也不许你在家闷着！"

晓勇一边洗漱一边抱怨："您都没和我商量，也不问问我的意见。"

妈妈生气地说："和你商量有用吗？你肯定拒绝。我已经交了学费，你必须去！"晓勇没有办法，只好听妈妈的话。

下午回来的时候，晓勇一脸的兴奋，一进门就说："妈，晚饭好了吗？游了一下午，我饿了。"

看到他久违的笑容，妈妈高兴地说："马上就好，你先歇会儿。"

他前脚刚进门爸爸就回来了，看到晓勇满脸的汗水，爸爸惊讶地问："你去做什么了，怎么出了这么多汗？"

晓勇笑道："游泳！"

爸爸听了笑着说："你终于不做……那个你们经常说的……宅男了？"

晓勇瞪着眼睛说："爸，您还知道宅男呢？"

爸爸开玩笑说："当然了，昨天几个同事还在办公室里讨论呢，说有个宅男在家里宅了 14 年，最后饿死了。我一听就害怕，还好我和你妈妈没有丢下你直接去度假，要不然，一个多月的时间呢，你肯定也会被饿死的！"

听了这话，晓勇不好意思地笑了。

在日常生活中，像晓勇这样的宅男还有很多，他们很少出门，经常窝在家里，不是睡觉就是打游戏，时间一长精神就会变得萎靡不振，而且面色苍白，对生活越来越缺乏热情。中学生正是长身体的时候，如果经常闷在家里，不注意锻炼身体，就会对自己的健康造成很大的影响。俗话说，生命在于运动，所以要迈开步子，走出家门，不但对健康有益，还能增长你的见闻。

宅男很少交朋友，也没什么机会交朋友，他们大部分的时间都"奉

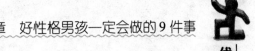

献"给电脑和床了，一直沉浸在虚幻的世界里，根本就没时间和现实生活中的人进行交流。虚幻的世界虽然也能给他们带来快乐，但是，长此以往，他们会对现实的生活产生陌生感，甚至厌恶感，而且因为和周围的人缺少交流，他们的性格也会变得越来越孤僻。

有个男孩是一个典型的宅男。他每天都在家里看书，学习成绩很出众，但是他的父母却有些发愁，因为他很少出去玩儿，也没有什么朋友，一放假就孤孤单单的。有时家里来了客人，父母让他出去和客人说说话，他却扭扭捏捏的，就像个小姑娘。和客人说话时也是有一句没一句的，不知道该怎么和别人交流，父母看了很是揪心。如果不采取措施帮助他改变这种性格，他的成长之路就会走得很艰难。

做宅男很"危险"，要走出家门，开阔自己的眼界，丰富自己的生活，让自己的人生充满美丽的色彩。

成长有方法

1. 放假时要经常出去走一走，不要整天闷在家里，不但影响你的精神状态，还会影响你的健康。

2. 无法自愿、主动走出家门时，可以采取一些措施强迫自己，比如给自己报一个学习班，学点武术、游泳或者乐器，不但可以免做宅男，还能丰富自己的生活。

3. 多交几个有益于自己成长的朋友，经常和朋友们出去玩耍，对身心的健康很有帮助。

181

第二节　做不莽撞的英雄

梁山好汉李逵是个十分莽撞的人，做事经常不考虑后果。有一次，李逵奉宋江的命令下山执行任务，中途饿了就找了家酒店吃饭。这个酒店的老板一直唉声叹气的，李逵听见后就问他："店主，你有什么发愁的？"

老板难过地说："我可怜的女儿被两个坏人抢走了。"

李逵最见不得这种不平的事，他听了便拍着桌子骂道："这两个该死的狂徒！"然后对老板说："店主，你说是谁干得，我替你把女儿抢回来！"

老板一听连忙劝道："好汉还是不要去了，这两个人你惹不起啊。"

李逵大声说："你快告诉我吧，不管他是谁我也不怕！"

老板只好小声说："就是梁山泊的宋江和鲁智深。"

李逵听了骂道："糊涂东西，你可别冤枉好人！"

老板说道："我怎么敢冤枉他们，可不就是他们吗？"

李逵见老板十分肯定，心中顿时燃起一把怒火，提起两把板斧就往梁山泊跑，一边跑还一边骂骂咧咧的。上了梁山之后，他看见杏黄旗上写着"替天行道"四个大字，心里更是生气，骂道："好个宋江，打着'替天行道'的大旗，自己却干害人的勾当！"于是几板斧就把杏黄旗砍倒了。

当时宋江和兄弟们正商议着事情，听到小伙计来报"李逵把杏黄旗砍倒了"的消息后赶紧跑出来，他看见李逵正提着板斧向他这边走。宋江生气地说："李逵，你怎么砍了杏黄旗！"

李逵的怒气还没有消，骂道："你这个强抢民女的强盗，还说什么'替天行道'!"

宋江一听就愣了，问："你说什么？我什么时候强抢民女了？"

李逵骂道："你还不承认，酒店的老板都告诉我了，说你和鲁智深抢了他的女儿！"

宋江和鲁智深听了都摸不着头脑，两个人也不承认，于是三个人就去找酒店老板对质，老板一看也说："不是他们两个。"

调查清楚后才知道，原来是有两个强盗假扮宋江和鲁智深到处害人。可是李逵却不分青红皂白地砍倒了杏黄旗，宋江差点儿因此重罚他，看在他一心为善，而且又负荆请罪的分上才饶了他这一次。

李逵因为性格莽撞、遇事不经思考，这才犯下大错砍倒了杏黄旗，惹怒了宋江，如果他能够理智一点，认真分析一下事情的真实性就不会有这一出闹剧了。可见，生活中我们做事也不能莽撞，要懂得"三思而后行"。

遇事时不能太莽撞，要理智一点，这样才更容易解决问题，否则就会种下很大的恶果。

三国时期的关羽是个大英雄，做事向来谨慎，但有时也容易任性莽撞。一次，孙权派人来提亲，想让关羽的女儿嫁给自己的儿子，可是关羽却骂道："虎女怎配犬子！"孙权知道后非常生气，认为关羽瞧不起他，自此蜀吴两国就结下了仇。后来，东吴攻打蜀国，关羽没能守住荆州，逃到麦城的时候被杀害了。

如果当初关羽的话语不那么莽撞，态度友好一些，可能蜀吴两国的关系也不会闹得这么僵。

遇事不莽撞能够缓和矛盾，促进矛盾双方进行沟通，从而合理地解决问题。当你和同学发生不愉快的时候，不能莽撞地用拳头来解决问题，那样是不利于增进同学之间友谊的。

有两个男孩因为一件小事发生了口角，争吵得很凶，其中一个男孩没有控制好情绪就向对方动了拳头，打伤了对方的鼻子，从此两个人互不来往。

其实不过是为了一件小事，如果那个出手打人的男孩能够理智一点，控制好自己的拳头，就不会加深两个人的矛盾，最后闹到互不往来。所以，说话、做事不能莽撞，应该理智一点。

成长有方法

1. 遇事时要"三思而后行"，想想问题的前因和后果，不要冲动行事。

2. 拒绝别人时语气要友好一些，说话不能太莽撞，否则会影响你和对方的交往。

3. 学会克制自己的情绪，不要太冲动，也要控制好自己的拳脚，不能轻易对他人大打出手。

第三节　对自己说：我能行，我是最棒的！

王晓麟是个初中生，平时成绩不错，就是语言表达能力不太强，说话有点儿不利索，同学们总是笑话他。也正是因为如此，他变得越来越不爱说话，别人问他一句什么他就"嗯嗯"、"啊啊"的，而且总是低着头，很没有自信。

一天，爸爸的同事张伯伯来家里做客，他听说晓麟的学习成绩很好，就笑着说："晓麟，伯伯能不能请你给我儿子辅导辅导功课啊？"

晓麟听了心想，我的语言表达能力这么差，肯定没办法给别人辅导功课。于是他支支吾吾地说："我，我可能做不好。"

张伯伯听了觉得奇怪，说："怎么会呢，我听说你的成绩非常出色，在班里可是名列前茅啊？"

晓麟低着头，小声说："我说话不太利索，辅导功课这个任务我可能没办法完成。"

张伯伯看出来了，他是个很没自信的孩子，于是就说："晓麟，你觉得一个说话结巴的人能当英国的国王吗？"

晓麟听了一愣，说："当然不能啊！"

张伯伯笑道："其实完全可以，'二战'时期，英国的国王乔治六世就是个结巴。"

晓麟疑惑地问："国王不是有很多演讲吗，那他怎么敢上台啊？"

张伯伯说："刚开始他因为说话结巴很不自信，所以一直不敢上台演讲。可是他的老师却说，'陛下，您一定能办到，您是最棒的国王！'国王听了就想，'我能行，我是最棒的！'于是每次上台前他都这样鼓励自己，而且效果真的很好，慢慢地他变得越来越有自信。'二战'爆发后，首相丘吉尔请他发表一次鼓励英国人民抗击德国侵略者的演讲，他自信地站在话筒前面，虽然语速有点儿慢，但是字正腔圆，没有一处结巴的地方。这次演讲也让英国人民鼓起了精神，最终战胜了德国侵略者。"

晓麟听后一副若有所思的样子，张伯伯笑着说："晓麟，连一个说话结巴的人都能当国王，你当然可以做得非常好。所以要自信一点，告诉自己，'我能行，我是最棒的'。"

受到鼓励后，晓麟一直按照张伯伯说的方法鼓励自己，每天都对自己说："我能行，我是最棒的！"后来他果然自信了许多，

185

也不会再害怕和别人交流了。

由于语言表达能力不强，晓麟非常不自信，不敢和别人交流，受到张伯伯的鼓励后，他每天都会鼓励自己，"我能行，我是最棒的!"就这样不断地给自己进行心理暗示，渐渐地，他变得有自信了，人也活泼了。

自信对每一个人来说都是很重要的，在做事情的时候，有了自信就等于成功了一半，所以一定要培养自己的自信心。培养自信最好的方法就是鼓励。

美国的一位教育专家曾做过这样一个实验：将一个班级的几个学习成绩较差的学生当作优秀学生对待，而将另一个班级中的几个优秀学生当作问题生来教，一段时间下来发现原来学习成绩较差的几个学生都取得了进步，而那几个原本优秀的学生考试成绩都出现了退步。原因就在于学习差的学生受到老师的鼓励，学习的积极性大大提高。相反，优秀的学生受到老师的忽视和打击，自信心受到挫伤，以致转变学习态度，影响了成绩。

所以一定要鼓励自己，每天对自己说一句："我能行，我是最棒的!"一个有自信的人总会生活得很开心，因为无论有什么难题他都相信自己一定能够解决，所以他很快乐，也觉得很轻松。

白杨和李刚都要参加朗诵比赛，其实他们两个人的实力差不多，但是白杨很不自信，每天都要练习很多遍，而且总觉得自己一定不会赢，所以经常愁眉苦脸的。李刚却刚好相反，他非常自信，一直相信自己能赢得比赛，每天训练得也很轻松。比赛当天，白杨一上台就开始紧张，结果朗诵得很不流利。而李刚却精神饱满，语言也非常流畅。结果可想而知，李刚赢得第一名，而白杨却被淘汰了。

自信不但是能力的体现，更是一种心态，而心态有时就能影响一个人的一生。所以，一定要自信一点，首先在心态上战胜对方。

成长有方法

1. 如果你的不自信是来自成绩较差或是能力欠缺的话，那就努力提高自己的成绩和能力，这样一来你说话做事就会有底气了。

2. 如果你本身很优秀，却没有自信的话，那就给自己一点心理暗示，告诉自己"我能行，我是最棒的"，鼓励一下自己。

3. 对于优秀而不自信的人，还可以通过比较的方法来提高自己的自信心。例如和比自己稍落后的同学进行比较，这样会让自己产生优越感，自然就会觉得有自信了。

第四节　和同学发生冲突时让一步

周末了，李明和几个同学去游乐场玩儿，大家坐了海盗船、过山车，还去"鬼屋"里体验了一把，又刺激又开心。在离开游乐场的时候，一个朋友说："有点儿热，咱们去吃冰糕吧。"于是几个人就打算去商店里买冰糕。

还没走到商店，一个正吃着冰糕的男孩就不小心撞在了李明的身上，他手里的冰糕蹭了李明一身。李明赶紧用手擦了擦，大声地说："你没长眼睛啊，怎么往别人身上撞！"

那个男孩本来是想道歉的，可是一听这话就要赖说："我刚才正往其他的地方看，没有注意前面，肯定是你们故意往我身上撞的！"

几个朋友听了都气不打一处来，一个个攥拳挽袖的，准备教训教训他。这个男孩一看这阵势，就朝另一个方向大声喊道："快过来，这儿有几个人成心找茬！"

这时，他的几个朋友就一起往这边走来，也是握着拳头、拉着脸的，双方都摆好了打架的阵势。李明无缘无故被人蹭了一身冰糕，不但没有得到对方的道歉，还被反咬一口，心里别提有多生气了。本来他也想给那个男孩一点颜色看看，可是当他看到两拨人就要为此大打出手时，心中转念一想，"反正也不是什么大事，还是别小题大做了。"于是站出来说："不过就是一件小事，咱们都退一步，别把事情闹大了。"

那个男孩听了却趾高气扬地说："刚才不是还神气吗，现在害怕了吧！"

李明听了不觉地握紧了拳头，恨不得给他一拳，李明的朋友也说："本来就是他理亏，他要是不道歉就不放过他！"

李明知道，要是真打起来对双方都没好处，而且他也害怕自己的朋友受伤，于是忍着心里的怒火，说道："这件事是我错了，我不该出言不逊，你们别计较了。"

听到这话后那个男孩有点儿不好意思了，说："这件事本来是我不对，我应该向你道歉。"

李明摆了摆手，笑着说："我知道你不是故意的，这件事就这么算了吧。"于是两拨人笑着走开了。

本来就是一件小事，如果李明不懂得忍让，那么双方就会大打出手，最后闹得两败俱伤，就是因为李明的忍让，双方才以微笑收场。这就是俗话说的"忍一时风平浪静，退一步海阔天空"，只要大家都懂得忍让，控制一下自己的情绪，那么同学之间就不会有那么多不愉快了。

古人常说"小不忍则乱大谋"，意思是说，如果在小事上不能忍让，那么你就无法成就一番大事业。因为忍让能帮助你克制情绪，使你的性情更加柔和，就算遇到比较棘手的问题你也不会轻易烦躁和发怒，这样的性格更容易成就大业。

当你和同学发生不愉快的时候，一定要忍让一步，这样不但能够让自己显得更有度量，也可以给对方一个缓和的余地，对处理好同学关系很有好处。

小军不小心碰倒了小刚摆在桌子上的水杯，水洒了一桌子，把小刚的书都弄湿了。小刚没有控制好自己的情绪，生气地说："你没长眼啊！"小军被骂了，心里本来不好受，但是，他忍着怒气说："对不起，我不是故意的。我来帮你擦干。"小刚听了这话也不再生气了，而且他意识到自己刚才的态度很不友好，赶紧笑着说："没事没事，刚才我说话太冲了，你别生气。"于是两个人笑着就把打湿的桌子收拾好了。

如果被骂后小军没有忍让，对小刚恶语相向，那么只会让小刚更加生气，两个人肯定会闹得不欢而散。而此时双方都做出了忍让，所以这件事才和平解决了，两个男孩的关系也更加友好。

成长有方法

1. 和同学发生不愉快时要忍着怒气尽量少说话，这样你就会有时间让自己静下心来，思考一下事情的前因后果。

2. 和同学吵架时心里试着默念"一、二、三"，强制自己克制激动的情绪。

3. 把心放宽一点，遇事时就想，没什么值得生气的，大事化小，小事化了。

第五节　果断地做决定

林修是个身体强壮的男孩，在运动上非常有天赋，每次运动会都能给班级争得不少荣誉，但是，在他强壮的外表下却有一颗优柔寡断的心。

一次周末，他去小区的篮球场打篮球，由于玩儿得太开心就忘记了时间，等到累得满头大汗的时候才发现已经是中午了。他非常热，于是就打算到冷饮店买一根雪糕。

推开冰柜的盖子，他看见了自己喜欢吃的"伊利四个圈"，于是就兴奋地拿起来，可是他一低头，又看见了自己爱吃的"克力棒"，于是他又拿起了一根"克力棒"，心想，我是拿哪一根好呢？他站在冰柜前想了好久，看看左手的"伊利四个圈"，又看看右手的"克力棒"。过了一会儿，老板走过来生气地说："你到底买不买，雪糕都要化了！"

林修用手一捏，雪糕真的都化了，他只得不好意思地说："对不起，两根我都要了。"

这样的情况不只一次。有一年暑假，爸爸打算带他去海南旅游，他听了非常高兴，可是这时候朋友打电话说要去内蒙古玩儿，他听了也非常感兴趣，于是就开始发愁，到底是去海南还是去内蒙古呢？他每天都在琢磨这件事，足足想了一个星期。

后来，几番考虑后他还是决定和爸爸去海南，于是高兴地对爸爸说："我要和您一起去海南！"

可是爸爸却抱歉地说："我以为你不去，所以只买了我和你妈妈的票，下次有机会再带你去吧。"

他听了很失望，又想，那我就去内蒙古吧，没有大海却有大

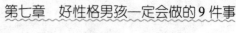

草原，肯定也不错。于是他就对朋友说："我想和你一起去内蒙古。"

同学听了很生气，说道："你真是的，一直都不回复我，我只好让另一个同学去了，等下回有机会再带你去吧！"

林修非常难过，本来他的假期可以过得很有趣，可是现在，他只能自己一个人闷在家里，心里很不是滋味。

优柔寡断的性格给林修带来很多苦恼，如果他做事能够果断一点，那么他的雪糕就不会化，假期的旅游计划也不会泡汤。在现实生活中，有的人从小就缺乏果断的处事风格，时常因为自己的犹豫不决、瞻前顾后错过许多机会。所以，一定要锻炼自己果断的性格，只有果断地把握住机会，才有可能品尝到更多成功的果实。

做事优柔寡断不但会给你的生活带来困扰，还会影响你的学习效率和考试成绩。

小豪是个听话懂事的男孩，家长、老师和同学们都很喜欢他。可是，小豪有一个缺点，就是比较优柔寡断，遇事总拿不定主意。以前，爸妈并不是很在意这个问题，觉得孩子性子柔和，做事不够果断很正常，总比打架闹事要强得多。但后来，小豪越来越优柔寡断，考试成绩开始持续下降。究其原因，是他对自己的答案没有把握，想到一个问题的答案后又很迟疑，总是犹豫着要不要这样答，结果浪费了很多时间，考试结束时他还没有答完题。有时，小豪写下一个问题的答案后又会对其产生质疑，总觉得这个答案不对，于是就翻来覆去地改。结果，一些原本正确的答案倒被他改成错的了。

生活中行事不够果断，这种习惯养成后势必会影响自己的学习，所以，一定要采取行动让自己变得果断一些，既能给别人留下一个做事爽快的印象，也可以提高自己的学习效率和考试成绩。

行事果断是非常重要的，在关键的时刻，果断地做出决定能够影响自己的一生。

尼尔·巴特勒是个探险者，一次他到加拿大西部去探险，那里经常有熊出没，所以当地的居民就在雪地里放了捕熊器，可是他并不知情，一不小心就踩进了捕熊器里，左脚被夹住了。周围没有人可以帮助他，而天就要黑了。他知道，这里的夜晚非常冷，最高温度也是零下二十几摄氏度，如果一直等待救援的话，他可能会被活活冻死。想到这里，他果断地做出决定，忍痛用随身带来的刀砍断了自己的左腿，然后赶紧开车去最近的一家医院，这才保住了性命。如果他当时一直犹豫不决，拿不定主意的话，那么就可能会被冻死，也可能会被熊当作晚餐，虽然断了一条腿，但却保住了自己的性命。

成长有方法

1. 找个行事果断的朋友来监督你，经常和他一起学习、游戏，如果你总是犹豫不决，他一定会向你提出建议。

2. 从小事上锻炼自己，经常自己买东西，让自己做决定，不要过多地征求别人的意见。

3. 自信一点，做决定时给自己一个心理暗示，告诉自己，我的决定是正确的；事后也应该告诉自己，我不后悔自己的选择，这样坚持一段时间后你就会变得果断了。

第六节　体验严谨的做事风格

一个中国学生去瑞士留学，和瑞士的同学相处一段时间后，他发现瑞士人做事非常严谨，有时甚至有点儿死板。一次他写了一篇论文拿给导师看，这是他花了很多心思、做了很长时间的调查才写好的论文，本来以为会得到导师的夸奖，可是导师却严肃地说："这篇论文不合格，改过后再拿给我！"

他听了很不高兴，问："是哪里出了问题？"

导师说："我已经用红色的笔标出来了，你自己去看吧。"

他一看，原来是"200多人"、"大概90%"等一些数据，可是这样的写法在中国的论文里是经常出现的，于是他就对导师说："这样不是免于出错吗？"

导师却说："这只能说明你的学习态度不够严谨。"他听了很不服气，可是又不敢顶撞老师，只能继续搜集资料进行改正。

这件事让他觉得瑞士人严谨得有点儿过分了，于是就想和他们开个玩笑，刺激他们学会变通。当时学校里有两个电话亭，他故意在电话亭贴上"男"、"女"的标签，然后就站在一边看看大家的反应。他发现很多男生看见标签后都主动到"男电话亭"打电话，女同学也都主动到"女电话亭"排队。更奇怪的是，后来由于有个男生打电话的时间比较长，所以"男电话亭"前面排了一条很长的队，明明"女电话亭"这边一个人都没有，但是却没有一个男生肯走过来打电话。他看着非常着急，就走过去问一个男生，"你怎么不去那边，你难道没看见那儿的电话正闲着吗？"

那个男生一脸从容地说："可是那是女生的电话亭，我不能违反规定。"

他听了笑道："反正也没人，干吗这么较真儿呢？"

那个男生却说："这是基本的规矩，难道你会去上女厕所吗？"他听了顿时哑口无言，第二天赶紧把标签撕掉了。他这才明白，为什么瑞士人可以做出质量一流的钟表。

在这样一个严谨的环境中，他渐渐地改掉了自己马马虎虎的毛病，对学习和生活的态度更加认真了，最后以优异的成绩从学校毕业。

故事中的中国留学生见识到了瑞士人严谨的学习和生活态度，并在这样的环境中受到熏陶，最终也改掉了自己马马虎虎的坏毛病。对于正在成长的学生来说，从小就养成严谨的办事风格是非常重要的，不但能够提高学习成绩，还可以让他们的生活变得井井有条。可是，在现实生活中，有的学生做事总是马马虎虎的，总觉得一些小错误不会给自己带来什么影响，其实这种想法是大错特错的。

古人常说"勿以恶小而为之"，意思是说，不要以为坏事小就可以去做，因为一件很小的坏事也可能会引起很大的恶果。有一个人去森林里散步，他随手把手里还没有熄灭的烟头扔到了地上，由于当时正是秋季，树木都干枯了，而且天气非常干燥，所以这个烟头就引起了一场火灾，给当地政府带来很大的麻烦。所以不要忽视任何一件小事，一定要有严谨的生活态度，既是对自己负责，也是对他人负责。

想要培养自己严谨的做事风格就要从小事做起，注意生活中的细节。

英国有一首流传很广的儿歌，内容是"因为一个钉子，输了一场战斗"。这首儿歌主要讲了这样一个故事：在英国理查三世时期，理查准备与里奇蒙德决一死战，他让一个马夫去给自己的战马钉马掌，铁匠钉到第四个马掌时，差一个钉子，铁匠便偷偷敷衍了事。不久，理查和对方交上了火，大战中忽然一只马掌掉了，国王被掀翻在地，王国随之易主。

故事中理查三世因为马掌少了一个钉子而被对手打败，最终失去了国家。如果马夫能够重视细节，有一个严谨的工作态度，那么他就会想办法把第四个马掌钉好，这样一来国王就不会意外地从马背上跌落下来，国家也不会易主。当然，这件事也有国王的责任，对于一个即将出战的人来说，战前检查一下自己的战马是非常有必要的，但是由于他缺乏严谨的态度，所以才会骑着一匹没有完全装备好的战马上阵，失败也是情理之中的事。

成长有方法

1. 在生活中注意细节，比如被子要叠整齐，不能随便堆在床上；衣服要洗干净，不能随便揉一揉就晾起来，像这样慢慢地养成严谨的生活习惯，你的性格也会变得严谨。

2. 在学习中要细心，无论发现多小的问题都应该认真解决，不能马马虎虎，哪怕只是用错了一个标点符号，写错了一个数字。

3. 和别人交往时多注意自己的言行，说话、办事要经过深思熟虑，不可以大大咧咧。

第七节　坚持做完一件小事

柏拉图是一位伟大的哲学家，他的成功源于自己的坚持不懈。从小他就明白，做事一定要持之以恒，如果想站在金字塔的顶端，那就必须坚持不懈地去攀爬。

一个新学期开始的第一天，老师对班里所有的学生说："今天我们只学一件最简单的事，就是甩手臂。"说完，老师向大家

195

示范了一遍，然后问，"从今天开始，同学们每天都将这个动作做三次，能做到吗？"

看了老师示范的动作，学生们都窃窃私语道："这么简单，怎么可能做不到！"于是，大家异口同声地回答道："我们能做到！"

过了两个月，老师问学生们："有哪些同学还坚持每天甩手臂三次？请举手！"说完，班里一大半的同学都很自豪地举起了手。又过了两个月，老师又问同样的问题，结果只有不到一半的同学举手。

一年之后，老师再次问："现在，还有谁每天坚持做三次甩手臂的动作？"这时，全班只有一人举了手，他就是柏拉图。

虽然只是甩手臂这样一个简单的动作，但是能坚持下来的人却不多，其实同学们之间最初的差距并不大，而且起点也是一样的，为什么最后只有柏拉图一个人脱颖而出呢？最关键的就是他懂得做事要坚持不懈，哪怕只是做一件非常简单的事。

每一个成功人士都必须拥有坚持不懈的奋斗精神，每一个男孩也必须懂得学习要坚持不懈，只有长期坚持你才会离目标越来越近。伟大的发明家爱迪生曾说过："天才是1%的天赋加99%的汗水"，"99%的汗水"就是指后天的勤奋和努力坚持。中国也有句俗语说"只要工夫深，铁杵磨成针"，其中"工夫深"也指的是坚持。由此可见，如果想要成功，持之以恒是必不可少的。

王羲之被世人称作"书圣"，他的《兰亭集序》等很多作品被一代代书法爱好者争相模拟，这样的成就与他坚持不懈的精神是分不开的。王羲之小时候是个调皮的孩子，他特别喜欢鹅，每天都抱着鹅玩耍，经常不好好练字。一次他的老师卫夫人看了他写的字后生气地说："你写的'之'字一点儿活力都没有，就像行尸走肉一般。"他听了很难受，于是每天都刻苦练习，一直写这个"之"字，写了足足一个月。后来他从鹅的身上找到了灵感，照着鹅的样子练习写"之"字，因为鹅经常活动，所以他写的"之"字也跟着有了生命力。而且在《兰亭集序》中，他写的每一个"之"字都不一样。

后来他的儿子王献之向他请教成为书法家的秘诀，他二话没说，直接给儿子准备了十八缸墨汁，并对他说："你每天坚持练习，等到这十八缸墨汁用完了，你就可以成为书法家了。"王献之按照他说的去做，每天都练习写字，真的一直坚持到把十八缸墨汁用完为止，最后，他成为继王羲之之后又一位伟大的书法家。

王羲之父子的书法作品之所以被后人如此推崇，就是因为他们都有坚持不懈的精神。

想要培养自己坚持不懈的奋斗精神，那就要从坚持做小事开始。很多学生成绩不理想往往是因为他们没有坚持自己的学习计划，新学期开始的时候，每个人都在老师的鼓励下制订了合理的学习计划，刚开始大家都很积极，可是时间一长就都开始懈怠了。有的学生是因为懒惰而中途停止自己的计划，有的学生是因为遇到挫折而放弃了自己的计划，不论是什么原因，没有坚持到最后就不会有太大的进步。所以，坚持不懈应该从现在开始，从坚持完成学习计划开始，也从坚持完成朋友或者家长交给你做的一件小事开始，慢慢地锻炼自己坚持不懈的奋斗精神。

1. 坚持完成朋友或者家长交给你做的每一件小事，然后把这种做事方式当作一种习惯，慢慢培养自己坚持不懈的奋斗精神。

2. 让家长和同学监督自己，当遇到困难想要放弃的时候，他们的监督和鼓励能够给你继续坚持下去的动力。

3. 用目标来激励自己，每当想要放弃的时候就想一想自己的目标，畅想一下成功后的喜悦。

4. 经常看一些成功人士坚持不懈的故事，让他们的精神鼓舞你继续奋斗。

第八节　抵制诱惑，提高自制力

张晓和今年上初一了，成绩一直不错。一天，有个同学对他说："走，咱们去网吧打游戏吧。"

张晓和说："我妈妈不让我去网吧，她说网吧的环境不好，我可以在家里玩儿。"

同学说："家里哪有网吧的气氛好啊，大家一起玩儿才有意思，你去体验一次就知道了。"晓和想："就去一次，反正一次也不会有太大的影响。"于是他就爽快地答应了。

几个伙伴一放学就邀着去了网吧，在网吧疯玩了两个小时。晚上7点钟，晓和回到家，妈妈不高兴地问："今天怎么这么晚才回来？"

晓和撒谎说："我去同学家写作业了，忘了时间。"

妈妈信以为真，笑着说："以后要打电话告诉妈妈，免得妈妈担心。"晓和嘴里答应着，心里却一直在回想刚才玩的游戏，思考着怎样才能顺利过关。

第二天，伙伴们又来邀他，说："今天我们一定能成功地闯到最后一关，一起去吧。"晓和已经被网吧的游戏气氛吸引了，根本就没有犹豫，又和伙伴们去了网吧。接连几个星期，晓和从来没有好好完成过作业，上课时注意力也很不集中，脑海里总是出现游戏中的画面。

在这次月考中，晓和的成绩有了很明显的退步，班主任觉得很奇怪，就私下里找他谈话，"你的成绩退步了，最近的知识很难懂吗？"

晓和突然红了脸，惭愧地说："不是。"

班主任严肃地说："那为什么会出现这种情况呢？"晓和只好把自己沉迷游戏的事情和盘托出。

班主任温和地说："既然知道了原因，就要及时改正，再也不能继续错下去了。"晓和点点头。

拿着成绩单回家后，晓和诚恳地向父母承认了错误，母亲虽然很生气，但是介于他主动承认错误，也没有过分苛责他。后来，伙伴们又邀他去网吧了，晓和果断地拒绝了他们，"我不去了，我今天的作业还没有完成。"理智地抵制了游戏的诱惑后，晓和又开始认真学习，成绩很快提高了。

刚开始晓和的自制力比较差，没有经得住诱惑，沉迷于游戏，从而导致成绩下降。认识到自己的错误后，晓和抵制了游戏的诱惑，又开始认真学习。其实，中学生阅历较浅，还不够成熟，自制力差也是很普遍的事情，但是，"能控制住自己的人，才能掌握自己的命运"。所以，一定要培养自己的自制力，自制力是成功的关键。

自制力就是自我约束、自我控制的能力，在我们的生活中起到很重要的作用。根据科学调查得出结论，许多罪犯之所以会犯罪，最重要的原因就是他们缺乏自制力。缺乏自制力的人不但容易伤害他人，也会让自己受到惩罚。

有个科学家，他非常喜欢喝酒，一提到酒他就非常兴奋。一次，他正在进行实验研究，朋友打电话来约他喝酒，他很高兴，可是一想到进行了一半的实验他就皱起了眉头，几番考虑后，他对助理说："告诉我的朋友，今天我不去了。"于是又继续实验。虽然心里很不痛快，但是实验结束后他却非常放松，心想，还好当时没有应邀去喝酒，要不然这个实验不知什么时候才能完成呢。

有人说"也许当自制力从你的心中崛起时，你将远离往日的欢乐；但请你相信，自制力是事业成功的必要条件"。由此可以看出，如果想要成功，就不能只做自己想做的事情，而要做自己应该做的事情。虽然暂时会觉得不快乐，但是，从长远的角度看，这样更有利于你的成长。

成长有方法

1. 经常下棋或者画画，这样的活动能够让你很好地集中精神，让你全身心投入思考和实践中，逐渐提高你的自制力。

2. 面对诱惑或者情绪不好时，要暗暗提醒自己，坚持做自己应该做的事，而不是做自己想做的事。

3. 提高自己的认识能力和判断能力，这样能够帮助自己抵制诱惑，克制情绪，做出正确的选择。

第九节 让自己专注地思考

拿破仑·希尔被世人称作"百万富翁的创造者"，他是世界上最早的现代成功学大师之一，也是著名的励志书籍作家，他所创建的成功学和十三项成功原则，曾经深深地影响了美国两任总统，也给千百万读者带来很大的启发。拿破仑·希尔的成就与他做事专注、不分心是分不开的，而他专注的精神在很大程度上要得益于美国大教育家、心理学家、哲学家和科学家埃玛·盖茨博士。

拿破仑·希尔年轻时，有一次去实验室找盖茨博士，结果助理告诉他："很抱歉，现在你还不能见盖茨博士。"

拿破仑·希尔："这是为什么？"

助理回答说："盖茨博士正在静坐冥想。"

这时，希尔非常好奇地问："为什么要静坐冥想？"

助理笑了笑，说："这个问题你还是亲自问博士吧，我可以帮你再约个时间。"

几天后，希尔准时赴约，盖茨博士带他来到一间隔音效果极好的房间，里面的陈设十分简单，只有一张桌子和一把椅子，桌上有几张白纸、一支铅笔和开关台灯的按钮。

盖茨博士告诉希尔，每次当他遇到难题时，脑子里会很乱，而且做事、想问题容易分心，这个时候他就会走进这间房子，关上房门和灯，在漆黑的空间里开始集中心神思索，这就是可以集中注意力的静坐冥想法。在专心思考的过程中，有时灵感会突然出现，盖茨博士就会立即开灯拿笔记下来。

从盖茨博士这里得到启发后，拿破仑·希尔便开始尝试盖茨博士的方法，慢慢培养自己的注意力，逐渐养成了做事专注的性格，这对他的研究和成就很有帮助。

无论是盖茨博士还是拿破仑·希尔，他们所取得的成就和专注的精神是分不开的，在追求理想和成功的道路上，一个人做事越专注，他成功的可能性就越大。就像一位著名的文学家所说的，全神贯注于你所期望的事物上，必有收获。

对正在成长的学生而言，从小专心完成每一件小事，长大后他才有可能全身心地投入自己的事业中，才不容易因受周围其他事物的干扰而分心。可现实生活中，有的学生却很难集中注意力，无论是在学习上还是生活中，做起事来三心二意。他们本来手里还拿着书，可是眼睛却盯着窗外，不是在看其他班的同学上体育课，就是在胡思乱想，心思根本就不在书本上。

其实，小学生和初中生的自制能力比较差，做事容易分心，这是难免的。但是，如果你想在将来有所成就，那就要改掉自己做事不专注的毛病，为将来的成功打下良好的基础。

培养注意力的方法有很多，首先要做的就是增强你的时间观念。有了时间观念后，你就能意识到自己可利用的时间并不多，也会因此而慢慢学着去珍惜生活中的一分一秒，做起事来自然就专注许多。做事之前应该给自己规定时间限制，提醒自己要在规定的时间内完成任务，即使是很小的一件事也要认真对待，全神贯注地去完成，这样对培养自己的注意力很有帮助。

做事分心除了自身的原因外，还与周围的环境有很大的关系。比如，你在做作业或者看书的时候，家里的电视、音响声音很大，或者有很多人在家里吵闹，这样你的思维就会受到干扰，注意力很难集中，学习效率也会降低。所以，你要在一个相对安静的环境下学习，这样有利于集中注意力，提高学习效率。

成长有方法

1. 做事情之前给自己限定时间，提醒自己在规定时限内完成任务，既增强了你的时间观念，也能锻炼你的注意力。

2. 找个安静的地方学习和思考，这样不容易让自己的思绪受到外界的干扰，从而提高注意力。

3. 保持充足的睡眠，以饱满的精神状态迎接新的一天，否则昏昏欲睡很容易影响自己的注意力。

第八章

有创造力的男孩应该尝试的 10 件事

　　一位教育家说：“处处为创造之地，时时为创造之时，人人是创造之人。”只要你有一颗愿意创造奇迹的心，并认真思考、努力实践，那么，奇迹就会离你越来越近。天才和傻子往往只有一步之遥，不要顾虑他人的猜忌和怀疑，也不要放弃自己的“傻”想法，大胆地去发现、去坚持、去创造，让这个世界为你喝彩。

第一节　自己动手做一个小发明

王兴玉经常搞一些小发明，而且这些小发明都很有实用价值。上高中的时候，学习非常紧张，每天都有很多试卷要做，而且各科老师还要给同学们复印很多复习资料，大家的书桌上、抽屉里都装满了一沓沓厚厚的试卷，有的同学怕没地方放复习资料，还特意在桌子下面准备了一个纸箱子，这样就能有备无患了。

一天数学课上，老师说："把上个星期的测试卷拿出来，我们要重点讲几道题。"同学们听了都你看看我、我看看你的，谁也想不起来老师说的是哪张试卷。

老师看着大家面面相觑的样子，疑惑地说："你们怎么啦，还不快找到那张试卷？"同学们只好开始找卷子，从桌子上找到抽屉里，又从抽屉里找回桌子上，翻了好几分钟，只有几个比较细心的同学找到了。

老师生气地说："已经是高中的学生了，做事还是这么不认真，难道平时都不注意给各科的复习资料分类吗？这样胡乱放在一起，找起来当然很麻烦！"王兴玉听了灵机一动，"要是给同学们准备一个容量比较大、而且能够分清各科学习资料的工具多好啊！"

他苦思冥想了好几天，终于想出一个制作起来很简单，使用起来很方便的"挂兜"。挂兜要用结实的布料来缝制，一个挂兜可以分出好几个袋子，只要挂在桌子的一侧或者墙上就可以了，

207

一个袋子里放一个学科的资料，这样，无论有多少复习资料都不会再混乱了。

开始他先自己做了一个，同学们看见后都觉得不错，也都学着他的方法做了一个挂兜，不但可以放复习资料，还可以放一些文具和小玩意儿，这样一来桌子上就空出很多地方，不会再乱七八糟的了。后来他的这项发明还成功申请了专利，被投放到市场上。

王兴玉只是简单地做了一个小发明，却给同学们带来很大的便利，由此可知，只要肯动脑、肯动手，很多复杂的事情都能变得简单起来。所以，在上学的时候，一定要多开动脑筋、多活动手，做一个属于自己的小发明，即使不能像王兴玉一样获得专利，也能够锻炼一下自己的实践能力和创造力，给生活带来不少乐趣。

经常动手制作小发明，能够培养你的探究精神，引导你在科学研究的道路上越走越远，如果能够长期坚持，说不定你就是未来的爱迪生，不但能够为我国科学事业的发展创造奇迹，还会为人类科学技术的进步贡献一份力量。

胡铃心发明了"微型可控扑翼飞行器"，这项发明填补了我国航空事业在该领域的空白，他的成功源于从小对发明和探究的热爱。小时候，在父母的鼓励下，胡铃心经常大胆尝试，3岁时就用积木搭过收音机、飞机。4岁时，他在下雨天坐在窗前的书桌旁，提笔画起自己想象中的推雨器。上小学后，在少年宫看到"米格-15"飞机模型，激起了他对飞机的强烈兴趣。从此，他热衷于研究与飞机有关的各种问题，尝试着做各种飞机模型。到高中时，他已发明创造了20多件作品，其中3项还获国家专利，他自己也被评为"全国文明创造之星"。

经常制作小发明，除了可以激发你的创造力和探究精神外，还能够提高你的实践能力，给你的生活带来意想不到的乐趣。

"清华爱迪生"邱虹云的发明之路从三岁就开始了，那时，他把一颗糖果放进土里，每天都认真地给糖果浇水，可是，一个月过去了，糖果连小苗都没有长，他失望极了，为此难过了好几天。虽然糖果树实验失败了，但是邱虹云并没有放弃自己的发明之路，他总是在家里搞一些"小破坏"，把父亲的收录机、刮胡刀、手表都"分尸"了，然后又自己重新装上，几次过后，他就能模仿着这些东西做出自己的发明，简易削皮机、豆浆机等，每次做出新的发明他的父母都会夸奖他，而他也感觉非常开心。

当你制作出一件属于自己的小发明时，你的心里一定会很高兴，不管这个发明的制作原理有多么简单，也不论它是不是能给你带来什么实用价值，只要是靠自己的智慧和双手创造出来的，你都会觉得非常骄傲，而且还会很自信。

成长有方法

1. 如果你没有制作小发明的习惯，也不知道该发明什么东西时，可以先模仿别人的发明，然后再根据别人的制作原理尝试做一个自己的发明。

2. 经常看科技频道，不但可以培养自己的对发明和探究的兴趣，还可以受到一定的启发和指导。

3. 经常参加学校组织的科技比赛活动，用参加比赛的方式激励自己不断进步。

第二节　重新布置一下自己的房间

今天是星期六，小龙一大早就起来了，爸爸奇怪地问："懒虫今天怎么起得这么早啊？"

小龙兴奋地说："今天我有一项特殊的任务要完成。"

爸爸笑了笑说："你还能有什么特殊任务啊？"

小龙卖着关子说："请您先回避一下，我要开始工作了，一个小时，不对，两个小时之后您再进来，保证给您一个惊喜。"

爸爸很纳闷，不知道他又要鼓捣什么，心想："你只要别把房子拆了就行。"

爸爸刚一走，小龙就把卧室的门关上了。他先把自己的被子叠好，然后四周看了看，觉得自己的桌子不应该总是靠着墙，于是他就用力把书桌搬到靠近窗户的地方。小龙看见桌子上杂乱地堆放着小时候玩儿过的玩具，想，"我已经是中学生了，我的书桌不能再这么幼稚！"于是他找来一个大纸箱子，把桌子上摆着的变形金刚、赛车、玩具枪等一股脑都装了进去。

看着干干净净的桌子，小龙突然觉得桌子上有点空，于是就跑出卧室，把妈妈新买的两盆仙人掌端来，放在桌子的左右上角，然后又摆上笔筒、书架、台历、电脑等。这些东西都摆放好后，他仔细欣赏着自己的杰作，又觉得还有一些不足的地方，"大家的书桌好像都只放了这些，我应该有自己的特色才好。"他突然想起来自己前两天买了一套大猩猩的组合泥塑，于是就兴奋地把它们翻出来，摆在桌子的左上方，一排大猩猩泥塑，非常有趣，他满意地笑了。

再环顾一下墙壁，上面贴的都是一些卡通人物和明星的海报，朋友前几天还嘲笑他说："你的卧室装饰得太老土了，怎么墙上还贴着'哆啦 A 梦'啊！"现在看起来的确有点老土，于是他把这些海报都撕下来收好，重新挂上了几幅油画，还在左边的墙上贴了一点小装饰，让整个房间看起来既大方又不死板。

　　工作结束后，他大声喊道："妈妈、爸爸，快过来看！"爸爸妈妈以为出了什么事，赶忙跑过来，一看，两个人都惊呆了，"这个房间真漂亮！"妈妈高兴地夸道。爸爸也笑着说："嗯，这才是个像样的房间！"小龙听了很高兴，心想，这项改造工程还是很有价值的。

　　小龙一时心血来潮重新布置了自己的房间，不但找到了自己的风格，还得到了父母的肯定，这是一次很成功的改造。其实，不时地重新装饰一下自己的房间，既可以给自己带来新鲜感，也能够让自己转变一下审美观念，激发自己的想象力和创造力。

　　现在的中学生，特别是男生，大都不喜欢做家务，也不会很认真地收拾自己的房间。其实，经常给自己的房间"化化妆"是个很不错的休闲和娱乐方式。学习累了以后，放下手里的书，重新布置一下自己的书桌，一边布置一边思考，怎样才能让自己的书桌看起来更有特色、更有新鲜感呢？这种简单的活动不但能够让你放松一下紧张疲惫的大脑，还可以给自己带来好心情。

　　如果你的卧室一直保持原先的摆设和装饰，那么，你就很容易产生审美疲劳，而且会慢慢地忽视自己的房间，把房间当作一个简单的学习和睡觉的地方，这样并不利于培养你热爱生活的心态。给自己的房间换换摆设，抑或是换换颜色，只要房间的装饰有改变，你的心情就会跟着发生变化。此外，在这几次装饰房间的过程中你的审美观念也会发生改变，而且你会更清楚自己喜欢的情调、自己偏爱的颜色和自己欣赏的风格。

　　重新装饰自己的房间时，你会不断地进行思考和想象，既要借鉴他人的装饰风格，又要适合自己的口味，甚至还会为此而特意去学习一些装修

211

和设计的知识，不但增长了见识，还激发了你的想象力和创造力。

有一位知名的室内设计师，他从小就非常喜欢装饰自己的房间，慢慢地，他从中体会到了乐趣，而且经常能设计出一些既有特色又不失品位的装饰风格。他经常说，作为一名设计师，丰富的想象力、创造能力和前瞻性是必不可少的，所以，经常装饰房间还可以让你轻松地锻炼想象力和创造力。

成长有方法

1. 定期给自己的房间"化化妆"，大概半年就可以尝试一种新的装饰风格，既新鲜又有趣。

2. 重新布置房间时不要盲目地模仿他人的装饰风格，要以方便、舒适为主。

3. 可以适当学习一些装饰房间的知识，不但可以丰富自己的见识，还可以引导你更好、更合理地对自己的房间进行"改造"。

第三节　每天做几个脑筋急转弯，让自己开心又聪明

刚上完数学课，大家都觉得有点闷，王进提议说，"我给大家出个脑筋急转弯吧，谁答对了我就把新买的漫画书借给他看，新出的《火影忍者》，怎么样?"

有同学问道:"那要是我们都答对了呢?"

王进自信地说:"那是不可能的，说不定你们谁也答不对。"

《火影忍者》是很多男生的"精神食粮"，猜对一个脑筋急转弯就可以免费看心爱的漫画书，何乐而不为呢？大家纷纷凑过来参与。王进出了题目："树上原本有10只鸟，猎人用枪打中了其中一只，还剩下几只？"

他的话音刚落，班里性子最急的男生就大声说："9只呗，太简单了！"

王进摇了摇头，说："这是脑筋急转弯，不是数学课上的算术题，你动动脑子。"

大家想了一会儿，一个同学说："一只都没了，都被吓跑了。"

王进点点头说："对，就是这个答案。"

他刚打算把漫画书借给这个同学，可是另一个同学却说："这个答案也不正确。你的枪是无声的吗？"

王进听了一愣，说："我也不清楚。"

其他同学也纷纷提出了疑问，"这些鸟的听力都正常吗，有没有耳聋的？"

"它们的翅膀都健康吗，有没有翅膀受伤的？"

……

同学们的问题很多，问得王进哑口无言。他只知道一个答案，却不想同学们猜出了这么多，而且每一个都很有道理，他一时没了主意，不知道该把漫画书借给谁看了。想来想去，只好让大家互相传递着看。

脑筋急转弯，顾名思义，就是说思路不能按照常理走，要从其他的方向、角度来思考，因此得到的答案往往也会不同。王进出的题目就是个很典型的例子，同学们无论从哪个角度讲都是有依据、有道理的，而王进原本以为只有一种答案。

每个脑筋急转弯所考察的能力是不同的，有的是考察一个人的理解

213

能力。

"一个士兵正在执勤，他看见不远处出现一个敌人，可是，他却睁一只眼闭一只眼，这是为什么？"很多人听到这个题目后都会苦思冥想，为什么他不开枪射击敌人或者拉警报，而是"睁一只眼闭一只眼"呢？大家把思考的重点放在了对"睁一只眼闭一只眼"的理解上。从常理上讲，"睁一只眼闭一只眼"是说这个人态度不认真，看见了也当作没看见。可是，在这里，它不过是在描述士兵瞄准射击的姿势。

很多博学的人往往把问题想得很严肃，不习惯从直接而简单的角度入手，因此经常猜不对答案。

除了考察和锻炼理解能力外，经常来个脑筋急转弯也能够激发你的创造力，培养你的发散思维。例如，"三个金叫鑫，三个水叫淼，三个人叫众，三个木叫森，三个鬼叫什么？"很多人会认真地去查字典，看看到底有没有这个字，答案当然是否定的。其实这个题目的重点在一个"叫"字上，三个鬼字无论能不能组成一个汉字，答案都不可能是一个现实存在的汉字。发散思维比较活跃的人就不会单纯地去思考题目中所列出的四个例子，通过简单的思考他就能很快得出答案，答案是"叫救命"。

有的人非常擅长脑筋急转弯，他们大都有一些共同特征，要么思维活跃，要么考虑周全，要么幽默风趣，这样的人往往喜欢另辟蹊径，说话做事不遵照常规，所以他们的思路也和常人大不相同。每天做几个脑筋急转弯的题目，不但能够愉悦心情，还可以锻炼你的发散思维和创造力，对你的成长很有帮助。

成长有方法

1. 坚持每天做几个脑筋急转弯，不但能给自己带来好心情，还可以在潜移默化中锻炼自己的发散思维和创造力。

2. 做脑筋急转弯的题目时不要拘泥于一个标准答案，要换角度、换方向去思考，能够得到很多意料之外却又是情理之中的答案。

3. 多和同学们一起做脑筋急转弯，人多思路多，能够帮助你想到更多的答案。

第四节   当一次福尔摩斯，过把侦探瘾

张恒非常崇拜大侦探福尔摩斯，经常幻想着自己能像福尔摩斯一样"断案"，但是，他却从来没有尝试过。

一次，他和妈妈去逛商场，无意中看见了一套福尔摩斯的披风、帽子和烟斗，他顿时两眼放光，指着这套行头恳求妈妈说："给我买吧，我做梦都想要。"

妈妈无奈地说："这些行头有什么用啊，买了也是浪费。"

他不依不饶地拽着妈妈的胳膊，哭闹着说："我真的很喜欢，今年的零花钱我不要了，好不好。"

妈妈笑道："这可是你说的，好吧。"

回到家后，张恒迫不及待地披上福尔摩斯的披风，又戴上福尔摩斯的帽子，把福尔摩斯的烟斗叼在嘴里，在屋子里来回转悠，十分神气。他正在陶醉的时候，爸爸推门进来了。看见他这身打扮，爸爸笑道："哟，福尔摩斯啊，我正好有点事情要请你帮忙。"

张恒正在兴头上，赶忙问："什么事？"

215

爸爸说："我的身份证不知放在哪里了，你能帮我找到吗？"

张恒此时就像福尔摩斯附身一般，突然变得沉静下来，他严肃地问："您最后一次看见身份证是什么时候？"

爸爸想了想说："前天下午。"

张恒又问："在什么地方？"

爸爸说："当时它还在那件黑色西服的口袋里。"

张恒赶紧到衣柜里找到爸爸常穿的那件黑色西服，可是他把西服里外的口袋都翻遍了也没找到。虽然有点失望，不过他没有放弃，继续来向爸爸了解情况，"您什么时候发现它丢了的？"

"今天上午，我平时都会带着，今天一摸口袋就发现不见了。"

张恒觉得爸爸的口供已经帮不上什么忙，就跑去问妈妈，"您这两天给爸爸洗衣服了吗？"

妈妈想了一会儿，说："洗了，怎么啦？"

张恒继续问："是不是有一件黑色的西服？"妈妈点点头，张恒又问："洗之前您有没有把口袋里的东西都拿出来？"

妈妈笑着说："哟，我还真忘记这件事了，当时要洗的衣服很多，我没顾得上。"

张恒赶紧跑到洗衣机旁，打开盖子一看，果然，爸爸的身份证正躺在里面呢。

爸爸高兴地说："你果然没有辜负这身行头，不愧是福尔摩斯！"

张恒非常得意，他现在才知道，原来自己是有能力做个小侦探的。从此以后，凡是同学们丢了文具，或者邻居丢了宠物，他都会主动帮忙，而且总不让大家失望，时间一长，他"小侦探"的名声就被传开了，也算是个小有名气的人物。

故事里的张恒虽然非常喜欢福尔摩斯，但是刚开始没有勇气去尝试，替爸爸找到身份证后，他发现自己居然有做侦探的天赋，自此也多了几分勇气和自信，帮助同学们和邻居做了一些小事，成为大家公认的"小侦探"。其实，崇拜福尔摩斯的男孩有很多，有些男孩还怀揣着做一个侦探的梦想，他们经常看一些悬疑小说或者动漫，比如《名侦探柯南》，希望能从中学到一些侦探应有的技能。这些小说或者动漫的确能给人一些启发，但是，想依靠它们学习如何做一名侦探是行不通的，还需要锻炼自己各方面的能力，如广博的见识、理智的判断等。

当一次福尔摩斯，过一回侦探瘾并不是真的要让你学习如何成为一名侦探，而是为了锻炼你的观察力、判断力以及做事认真的态度，这对开发你的智力，培养你的发散思维是很有利的。

无论是断案如神的包公还是"天才侦探"柯南，他们都有一个共同点，那就是观察能力非常强，能看到一般人无法注意到的细节，而这些细节往往就是破案的关键。此外，在很多案件中，总会碰到有人作伪证或者犯罪嫌疑人说谎的现象，如果法官或者侦探缺乏理智的判断，那就会影响案件最终的结果。所以，如果你想过一回侦探瘾，没有点认真劲儿和聪明劲儿是不行的。

当一次福尔摩斯是次不错的经历，即使没有解决问题，你也能从中得到很多启发。比如，要拓展自己的见识，了解更多的生活常识；思维要缜密，不能遗漏任何一个小细节等，对开发智力、激发创造力的确很有帮助。

成长有方法

1. 过一次侦探瘾，大胆地尝试着破一个小案件，比如帮同学找到丢失的书本或文具，找出不诚实的人说谎的证据等。

2. "破案"的过程中思维要缜密，不能遗漏一切可疑的细节，细节往往能决定胜败。

3. 要注意察言观色，通过观察被调查人的言辞和表情来判断他是否说谎。

4. 扩大自己的知识面，多学习一些常识。

第五节 改装自己的玩具，做
个有创造力的男孩

阿宝今天特别高兴，因为爸爸说要带他去爬山，可是，等他写完作业正为爬山做准备时，爸爸却突然接到公司的电话，然后非常抱歉地对他说："阿宝，对不起，爸爸要去公司一趟，咱们下回再去吧。"

阿宝非常失望，但是又不能耽误爸爸的工作，只好勉强笑道："没事，您去忙吧。"

爸爸一走他就觉得很无聊，不想看书，不想看电视，也没兴趣打游戏。他突然想起自己的玩具赛车已经很旧了，而且跑起来像乌龟一样慢，于是就突发奇想，要改装玩具赛车。

说干就干，阿宝把玩具赛车的零件一个一个都拆了下来，然后逐一检查，看看哪些零件已经破损，需要替换，哪些零件需要修理、擦拭等，他一直希望自己能有一辆马力足、外形酷的玩具赛车，但是一直买不到让自己心满意足的，于是他想，"为什么我不能自己改装一辆呢？"有了这个想法后，阿宝干脆翻出了爸爸的小工具箱，从里面找到许多对自己有用的小零件，然后高兴地说："太好了，我的完美赛车有望造成了。"

他给玩具赛车换了一个新的马达，又重新组装了玩具赛车的外壳，虽然还没有竣工，但是此时的赛车已经很有气派了。所有的组装都结束后，阿宝又给赛车刷了一层褐色的漆，看起来非常酷。

一切工序都完成后，阿宝十分兴奋，迫不及待地约伙伴们出来赛车。看到他的"新赛车"，伙伴们都很羡慕，忙问："你是在哪儿买的?"阿宝得意地说:"我自己改装的,不错吧!"伙伴们听了纷纷向他竖起大拇指。几场比赛下来,阿宝的赛车总是能遥遥领先,这让伙伴们羡慕不已,他们都向阿宝请教改装赛车的窍门。虽然没能和爸爸一起爬山,但是今天他依然过得很开心。

改装完自己的赛车后,阿宝不但忘记了不能和爸爸一起爬山的失望,还在伙伴们的夸赞中体会到了成功的喜悦。其实,很多同学都有旧玩具,而且很多玩具都只玩过一两次就腻了,这些玩具不是被扔在屋子的角落里就是被送到了废品收购站等候处理,下场非常凄惨。如果它们的主人能够多动动脑筋,让它们改头换面一次,那么,它们可能就不会被忽视和丢弃了。

改装自己的玩具除了可以让一些玩具重新被利用起来以外,还能够给你带来好心情和成就感。一件玩具之所以会被冷落,是因为它已经无法满足你玩乐的需求。其实如果你的玩具已经坏了,那么你完全可以把它扔掉,但是,倘若这件玩具完好无损,而且完全有希望被改装成一件更有意思的玩具,那么,你就不应该放弃它,多动动脑筋,按照自己的需求对它进行改装,在这一过程中,你不但能体会到再创造的乐趣,还可以在事后为自己的杰作感到骄傲。

事实上,改装玩具并不是一件单纯玩乐的事情,还能激发你的创造力、开发你的智力。

有一个男孩,他一直想把自己的遥控船改装成一架遥控飞机,可是当他提出自己的想法后,许多同学都说,"你这是痴人说梦",因为船和飞机的工作原理是不同的。虽然没有得到大家的支持,但他并没有放弃,经过很多次的改装后,他终于成功了。原先的遥控船在他的改装下不但能够下水,还可以上天,当他向同学们演示这件新玩具的性能时,大家都惊呆了,不得不佩服他的创造力。

219

每一件玩具都是按照一定的原理制作出来的，你在对它进行改装的过程中一定会思考它的制作原理，有时候你的改装能够让它本身的性能得到提高，而有时，你的改装还可以让它多几项功能，这样的改变是需要创造力的，而这种创造力就存在你的大胆尝试中。

成长有方法

1. 找出小时候玩的旧玩具并对它们进行改装，想办法把它们变成能够满足自己需求的新玩具，既不浪费资源又能锻炼自己的创造力。

2. 除了旧玩具以外，你还可以改装家里的小电器，或者日常用的小工具，提高它们的工作效率。

3. 也可以试着修理一下废旧的小家电，比如用旧的收音机、电风扇等。

第六节　多问几个为什么，
让自己博学又聪明

沈括是北宋时期著名的科学家，在科研方面很有建树，除此之外，他还善诗文、懂财政、精兵法，可谓是个全才。当时很多人都称他为"神童"，其实，了解沈括的人都知道，他不过是个智力平平的普通人，之所以有这样的成就，与他好问"为什么"是分不开的。

沈括从小就不喜欢被困在书房里死读书，他好动、爱玩儿，经常满处乱跑，在父母的眼中可不是什么好孩子。沈括是个好奇心很强的小孩，对生活中的很多事物都充满兴趣。一次，他的父亲被调往他乡任职，全家人都跟着搬家，途中经过一条大河，沈括看见一个打鱼的人把一群鸟儿赶到了水里，他惊呆了，赶紧跑过去问："大叔，您怎么把鸟儿赶到水里了，不怕它们被淹死吗？"

渔人笑道："这些鸟儿叫鸬鹚，它们可是捕鱼的高手，怎么会被淹死呢！"

沈括拍着手笑道："真奇怪，还有会潜水捉鱼的鸟儿！"他又问："那它们为什么会捕鱼呢？"

渔人听了摇摇头，说："这个，我也不清楚，大概是天生如此吧。"沈括若有所思地点点头，虽然他对渔人的解释并不满意，但一时也找不到人来解答，只好把这件事记在心里。

还有一次，他和父亲一起去爬山，爬到山顶后发现山上开满了桃花，可是此时已经是六月份，按理说桃花应该凋谢了才对，于是就好奇地问父亲："为什么山上的桃花要开得晚一些呢？"

父亲解释道："山上温度比较低，到六月份才会暖和起来，桃花自然就开得晚。"

沈括见什么问什么，对什么事都感到好奇，所以，时间一长他就变得上知天文、下晓地理，成了个"万事通"。他所编著的《梦溪笔谈》也是一本大百科全书，里面记载了关于科学、医药、政治、文艺、地理等各方面的知识，这些都是沈括平日里的所见、所闻、所思。这本巨著对我国古代科学和文化事业的发展也起到了举足轻重的作用。

沈括不但是一位杰出的科学家，在文学、政治、军事等方面也都有较高的造诣，这种成就与他遇事好问"为什么"的习惯是分不开的。在日常生活中，遇事不懂装懂的人有很多，他们表面看起来学识渊博，一点就通，其实也不过是知道一点皮毛罢了。想要变得像沈括一样博古通今，那就不要不懂装懂，遇事多问几个"为什么"，这样做才是明智的选择，就像孔夫子说的，"知之为知之，不知为不知，是知也。"

多问几个"为什么"，不但能够丰富你的知识，还可以培养你虚心好学的好习惯。喜欢问"为什么"的人往往对周围的事物充满好奇心，无论遇到什么事，看到什么人，只要有疑问他们就会毫不客气地说，"为什么?"对知识的渴求让他们的求学态度非常诚恳，久而久之，就养成了谦虚好学的好习惯。

有的人起初也喜欢问"为什么"，但是，有时被问者会厌烦他们的疑问，甚至拒绝解答他们的疑问，受到这样的打击后，他们便关闭了自己好奇的心门，遇事不思不想，到最后只能成为平庸之辈。建议这样的人应该向爱迪生好好学一学。

爱迪生从小就喜欢思考，不管遇到什么事都爱问个"为什么"，也因此被老师和同学们怀疑是弱智。在数学课上，老师说，"1＋1＝2"，其他的同学都没有任何疑问，只有爱迪生站起来说："老师，这是为什么呢?"老师不假思索地说："没有为什么，1＋1就是等于2。"老师又说，"2＋2＝4"，爱迪生还是不解地问："老师，为什么?"老师非常困惑，这么简单的问题他为什么一直不明白，所以就怀疑他的智商有问题，还对爱迪生的妈妈说："这个孩子可能是智障儿童，我实在没办法教他，您自己想办法吧。"就这样，爱迪生刚上小学就被学校开除了。但是，他并没有因此而改掉自己爱问"为什么"的"坏习惯"，而且，头脑中的问号让他不断地进行探究和思索，最后，他成为一名出色的科学家。

爱迪生的故事告诉我们，多问几个"为什么"，能够让你始终保持好学多思的好习惯，并且还能够激发你的想象力，培养你的探究精神。

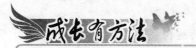

1. 不要只满足于得到问题的答案，要时常把"为什么"挂在嘴边，努力探求最初的原因和深层的原理。

2. 遇到不懂的问题要虚心向他人请教，切忌不懂装懂，应该多问、多思。

3. 不要太在意他人的意见，只要有疑问就大胆地提出来，这样才更有助于培养创新精神和创造力。

第七节　认真观察一次，激发自己的创造力

瓦特之所以能够发明蒸汽机，是因为他善于观察，懂得在生活和工作中发现问题。瓦特小时候虽家境贫寒，但却十分聪明好学。他曾在一家钟表店当学徒，从那时起，他就时常在店里仔细观察、研究各种仪器。

后来，瓦特接到了修理一台纽科门蒸汽机的任务。起初，他修好了这台机器，却发现它工作起来很吃力，像个快要喘不过气来的老人。于是，瓦特想将其改进一下。在他的不断努力下，两年后，改造工作基本完成。可当他点火试机的时候，才发现汽缸到处漏气。他想尽办法解决这个问题，每天都打起十二分精神，一遍又一遍地仔细检查机器。

一天，他趴到汽缸前观察漏气原因，突然有一股热气冲出，他来不及躲闪，肩膀被蒸汽烫得红肿。可即使如此，他仍然没有放弃。很快，他又回到实验室，一边查阅资料，一边继续认真观

223

察、检测汽缸。

终于有一天，瓦特的灵感来了。而这份灵感，同样源于他的认真观察。那天，他一边喝茶，一边看着炉子上的那个水壶，发现壶盖一动一动的。他看看水壶，又看看自己手里的杯子，突然想到：茶水要变凉，可以倒在杯子里；蒸汽要变冷，可以把它从汽缸中"倒"出来啊。就这样，瓦特设计出了一个和汽缸分开的冷凝器，解决了漏气问题，世界上第一台真正的蒸汽机也随之诞生。

正是因为善于观察，瓦特才将一台工作效率很低的纽科门蒸汽机改造成一台动力大、效率高的蒸汽机。一位著名的生物学家也曾说："我既没有突出的理解力，也没有过人的机智。只是在觉察那些稍纵即逝的事物并对其进行精细观察的能力上，我可能在众人之上。"由此可见，在科学研究的过程中，认真而敏锐的观察力是必不可少的。

敏锐的观察力是创造力的源泉，培养自己的观察力对促进智力的发展是很有帮助的。在生活中，人们评价一个人的智力水平时常用"聪明"或"不聪明"两个词，而聪明的意思是耳聪目明。由此可知，以感知为基础的观察力是"聪明"的基础，所以要多看、多听、多接触各种事物，只有积累丰富的知识和经验，你才能在遇到难题时更好地发挥自己的聪明才智。

一千多年前，有一位埃塞俄比亚的牧羊人在赶着羊群回家的路上发现，羊群里有两只羊的行为特别反常，一路上欢蹦乱跳的。他心里纳闷，"这两只羊是不是生病了？"为了弄清楚是怎么回事，他就一直注意观察这两只羊的举动。后来他看见，这两只羊经常吃一棵树上的小红果。他想："这小红果难道有什么魔力？"于是他就想尝一尝，吃了几个以后，他果然觉得精神百倍，而且心情非常愉悦。后来他就经常到这里吃这种果子，而且越来越爱吃。

　　有一次，一位传教士经过这里，正好看见他从树上摘果子吃，于是就问："这果子好吃吗？"他摇摇头说："不好吃。"传教士奇怪地问："那你怎么还吃呢？"他笑着说："吃了有精神，而且心情好。"传教士听了觉得很神奇，心想："难道还有水果能让人心情愉悦吗？"于是他就摘了一些果子拿回家，但是他没有直接吃，因为牧羊人说过，直接吃是不好吃的，而且他发现这种果子干了以后很硬，于是就把它们研成粉末放进水里煮，煮成咖啡色的汤。他细细品尝了几口，入口时有点苦，但是越喝越觉得味道醇厚，而且喝了之后的确是精神百倍、心情愉悦。后来，传教士就把这种汤拿给他的朋友们喝，慢慢地，这种饮品就被推广出去了，而这种饮品就是后来人们非常喜欢喝的咖啡。如果没有牧羊人的观察，咖啡豆就不会被人们发现，而如果没有传教士的观察和尝试，就不会有后来人们喜欢喝的咖啡，所以只要注意观察，生活中总会有惊喜和奇迹。

很多出色的厨师因为善于观察才做出了更美味的食物，许多知名的作家因为善于观察才创作出更逼真、更感人肺腑的文章，所以，善于观察是你走向优秀和成功必不可少的一项能力。

成长有方法

　　1. 培养观察力可以从观察自己喜欢的事物开始，比如自己喜欢的动物、植物等，这样更容易让自己喜欢上观察。

　　2. 尝试不同的观察方法，例如比较观察，注意同类事物之间细微的差别；也可以深入观察，注意一个事物的发展变化过程。

　　3. 每次观察结束后都应该记录自己的收获，不但是做一个总结，也能激发自己继续观察、继续思考的欲望。

225

第八节　用左手写写字，开发你的右脑

这一天，同学们都很兴奋，因为有个外教要来给他们上英语课。有的同学是第一次近距离接触外国人，所以总是忍不住盯着人家看。许多同学都注意到，这个外教除了长相、说话和中国人不一样以外，连写字的方式都和大家不同，因为他用的是左手。

下课后，同学们开始讨论，为什么外国人用左手写字。他们把自己的疑问告诉了老师，老师听后笑着说："你们这是以偏概全，这个外教老师习惯用左手写字，并不是所有的外国人都是这样的。"

在一旁听着的晓航又问："老师，用左手写字和用右手写字有什么区别呢？"

老师摇摇头说："我也不清楚，听说能够开发右脑，你可以试一下。"

晓航听了很着迷，他非常想体验一下，开发右脑是什么感觉。从此以后，晓航经常练习用左手写字，刚开始字写得歪歪扭扭的，横不成横、竖不像竖。

有一次妈妈看到他在用左手写字，就好奇地问："我记得你不是左撇子啊，怎么用左手写字呢？"

晓航笑道："老师说，左手写字能够开发右脑，这样也许可以让我变得更聪明。"可是，一看到七扭八歪的字晓航就犯愁。

妈妈笑着说："别泄气，你第一次写字的时候用的是右手，比现在左手写的字还难看呢。"

晓航听了忙问："真的吗？"妈妈肯定地点点头，晓航因此更有信心了。

经过一段时间不懈的努力后，他用左手写出的字已经非常规矩了，横平竖直，只是速度比较慢。后来，他的左手变得越来越灵活，不但能写字，还可以拿筷子、刷牙，给右手减轻了不少负担，而且觉得生活非常有乐趣。

发现外教用左手写字后，晓航也尝试着用左手写字，而且取得了成功。虽然他没有表现出"变聪明"的迹象，但是这种尝试让他发现了生活中不少乐趣。通过研究，科学家发现人的左右脑有不同的分工，左半脑主管语言表达和逻辑推理，左半脑发达，对学习语文、物理、数学等注重分析的学科很有帮助。右半脑主管形象思维和空间思维，右半脑开发充分，对学习音乐、绘画等大有益处。我们平时大都习惯用右手写字、拿筷子、刷牙等，对左手的使用并不充分，因此我们的右脑也没有得到充分的开发。

用左手写字有助于开发右脑，激发你对艺术的创造性。

画家达·芬奇就是个左撇子，无论是画画还是写字他都习惯用左手，他平生喜欢做笔记，据说还留下了很多用左手写成的手稿，因为写字的方式不同，他的字和一般人的字呈现镜像现象，所以后人阅读起来非常困难。达·芬奇不但对艺术有独到的见解，也是个出色的发明家。除了达·芬奇外，毕加索、米开朗基罗等著名的艺术家都有用左手写字的习惯，由此可知，经常用左手，能够开发右脑，激发创造力。

用左手写字也能够改变生活习惯，打破思维定式，让自己发现生活中更多的乐趣。

有一个知名广告公司的经理，开晨会前，他吩咐秘书在每个与会员工的桌子上放一把牙刷。会议开始后，经理说："大家平时都是怎么刷牙的，给我示范一下吧。"员工们面面相觑，用右手拿起牙刷开始假装刷牙。经理看后笑道："什么时候大家能换个方式，用左手刷牙呢？"虽然只是一次简单的测验，但是大家都听明白了，生活是多样的，思维也不应该是定向的，要时常改变思维方式，发现生活中的乐趣，创造出更多新奇的作品。

成长有方法

1. 除了用左手写字外，还可以用左手刷牙、用左手拿筷子等，改变一下生活习惯，不但能让自己的生活更有乐趣，还可以开发右脑。

2. 不要半途而废，坚持练习活动自己的左手，让左手更加灵活。

3. 经常提醒自己，要适当地给自己的左手增添点"负担"，让左手运动起来。

第九节　偶尔反着思考问题，培养自己的逆向思维

美国FBI（联邦调查局）第一任局长胡佛是个很重视运动的人，对员工们的身材也有很高的要求，他在担任美国联邦调查局局长时说过，"我不想看到大腹便便的员工，任何一个胖子都不可能得到我的重用。"在他的威严下，FBI的很多成员都加紧锻炼，努力保持苗条而挺拔的身材。可是，并不是所有的员工都能达到他的标准，特别是一些不经常和他碰面的人。

有一次，迈阿密地区的特警队新提拔上来一位负责人，名字叫詹姆斯·特朗，工作非常出色，只是有一点，他是个一百多千克的大胖子。胡佛对此并不知情，他看过詹姆斯的功绩后，高兴地对助理说："帮我约他，我要见见这位出色的员工。"

助理把这个消息告诉了詹姆斯，他一听就傻了，看看自己圆鼓鼓的肚子和肥大的脸，很是发愁。秘书劝他："您赶紧减肥吧，否则一定会被降职的。"

詹姆斯也知道事情的严重性，但是，距离被"召见"的时间只有一个星期，他无论怎么努力都不可能变得苗条。苦思冥想了两天之后，他终于想出了一个好办法，于是急忙跑到裁缝铺，对

228

裁缝说："先生，给我做一件肥大的衣服，比我平时穿的要宽上 7 厘米以上。"

几天之后，詹姆斯就穿着这件肥大的衣服去面见胡佛。刚看见他时胡佛的确有些生气，但是，当他注意到詹姆斯宽松的衣服时却又转怒为笑，说："年轻人，最近减肥工作做得不错啊！"

詹姆斯笑道："我的确瘦了很多，不过，和您所说的标准还相差很远。"

胡佛点点头，道："知道努力就好，只要坚持，你的体重一定能够达到标准水平。"

詹姆斯听后长出了一口气，心里那块大石头终于落下了。胡佛和詹姆斯聊了很多工作上和生活中的事情，这次谈话非常愉快。

一个一百多千克的大胖子想在一个星期内迅速变瘦，这几乎是不可能发生的事，面对这样的情况，詹姆斯没有像常人的想法一样绝食或者加紧训练，而是另辟蹊径，用一件肥大的衣服来反衬自己，让胡佛误以为自己变瘦了，不但没有遭到批评，还受到了胡佛的表扬。詹姆斯之所以能够蒙混过关，是因为他改变了思维习惯，从反方向来思考问题，巧妙地掩盖了自己的弱势，并且将弱势转化为优势，化弊为利，轻松地解决了问题。

金属在潮湿的地方长期放置容易受到腐蚀、生锈，这本来是一件让人头疼的事，但是有人却据此而找到了生产金属粉末的方法，这就是典型的化弊为利，从反方向思考来解决问题。偶尔反着思考问题，能够培养你的逆向思维，让你的思路更加开阔、头脑更加灵活。

所谓逆向思维，就是指打破常规的想法，用与常人相反的方式来思考问题，善于逆向思维的人通常都比一般人更有创造力，他们总是能够另辟蹊径，做出一些让人意想不到的事情。

一提到逆向思维我们就会想起司马光，司马光小时候经常和伙伴们在院子里玩耍，院子里有一口大水缸，一次，有个小伙伴不小心掉进了水缸里，就在大家都急着想办法要把人从水缸里拉出来时，司马光却搬起一块大石头把水缸砸个大洞，水流了出来，那个伙伴也得救了。一般人遇到这种情况时只会想着怎么把人从水里救上来，而司马光却想着怎么让水流出来，这种逆向思考问题的方式也帮助他成为了北宋杰出的政治家、文学家。

成长有方法

1. 时常做一些出人意料的事情，既会让你觉得新鲜有趣，又能锻炼你的逆向思维。

2. 偶尔反着思考问题，为自己的思绪找一条特殊的道路，比如思考时将因果倒置、前后颠倒等。

3. 出现问题时不要只看到不利的一面，要尝试着把弊转化成利，也可以试着把一件东西的缺点变成优点。

第十节 找出一道题，
用不同的方法得到结果

已经是晚上九点多了，可是泰森还在写作业，平时这个时候，他应该正在电视机前津津有味地看着《成长的烦恼》。妈妈觉得很奇怪，就来到泰森的房间探个究竟。此时的泰森正在埋头画图，连妈妈走进屋子来都没有发觉。妈妈轻轻拍了一下他的肩膀，问道："今天的作业难度很大吗？"

泰森笑道："不大，其实我早就完成了。只是，我觉得老师教的方法太麻烦了，所以正在尝试用另一种方法来解答。"

妈妈听了很高兴，问："找到其他的方法了吗？"

泰森兴奋地说："嗯，已经有思路了，只是还没有来得及演算。"

妈妈鼓励他说："那好，你继续自己伟大的尝试吧，等会儿把好消息告诉妈妈。"泰森点点头，妈妈刚要走出门又回头对他说："不要让妈妈等得太久，你应该很快就完成了吧？"

泰森自信地说："是的！"

原来这是一道几何题，常规的做法是在图形内部做辅助线，但是需要画四条辅助线才能得到答案，非常麻烦。泰森经过仔细观察和认真思索后，发现只要做两条边的延长线就能解决问题，他通过不断地论证，发现自己的方法是可行的。

伟大的尝试取得成功后，泰森迫不及待地跑到客厅里向妈妈报喜，"妈妈，我成功了！"

妈妈笑道："泰森真聪明，以后一定很出色。"

第二天的数学课上，吉米老师感慨道："我已经当了10年的数学老师，从来没有遇到过这种情况。"

同学们听了都觉得奇怪，问："老师，什么情况啊？"

吉米老师说："昨天老师给你们布置了一道几何题，有个同学打破了我们的常规思维，用不同的方法得到了答案，而且这个方法非常简单。"同学们东张西望的，都在想这个人是谁，吉米老师激动地说："感谢泰森·伍德同学，他教给我们一个更好的解题方法！"同学们钦佩地为泰森鼓掌，泰森非常自豪。

故事中的泰森经过反复的思考和演算，终于为一道几何题找出了不同的解答方法，而且比老师所教授的方法更为简单易懂，不但得到了老师的赞赏，还赢得了同学们的钦佩。在学习的过程中，找出一道题，尝试用不同的方法去解答，不但能够让你的基础知识得到巩固，还可以培养你的探究精神。在为一道题目寻找不同的解法时，你一定会认真思考自己学过的知识，并对它们进行分析和整合，这一过程既是复习旧知识的过程，也是发现新问题、找出新方法的过程，对提高学习成绩很有帮助。

除了能够提高学习成绩外，为同一道题目找不同的解法还能够培养你的横向思维，开发你的智力，让你变得更聪明好学。所谓横向思维，顾名思义，就是指一个人的思维有往横向、往宽处发展的特点，善于运用横向思维思考问题的人，思维面会比较宽广，总是能做到举一反三。

一家公司刚搬到新的办公楼，由于电梯不足，员工们经常在电梯门口排长队，很耽误时间，半个月过后，大家的怨声越来越大，为了解决这个问题，老板特意召开了一次会议，让大家讨论一下解决方案。有的经理说："直接增加两部电梯就是了，釜底抽薪。"反对这个方案的经理却说："公司正在扩大规模，员工也会越来越多，难道要不断地增加电梯的数量？"老板点点头，一时也想不出合适的办法，最后还是老板的助理把这个问题解决了。方法很简单，就是在每个电梯门口装一面镜子。大家一边等电梯一边照镜子，化化妆、整理整理衣服、梳梳头，看看自己也看看别人，很快电梯就等到了，渐渐地，抱怨的人越来越少。

我们现在再来分析一下这个问题，当然，电梯不足依旧是最根本的原因，但是，由于员工们缺乏耐心，不愿意等待电梯，所以才会有这么多怨声，解决了员工们的耐心问题，电梯不足的情况也就得到了一定程度的缓解。助理之所以能够想出这个办法，就是因为他擅长运用横向思维。

成长有方法

1. 掌握好老师教授的解题方法后，要试着用相同的原理找出更简单、更直接的方法和思路，这样对开发智力和巩固知识很有帮助。

2. 抛开老师的解题套路，自己另辟蹊径，找到一个属于自己的解题方式。

3. 把这种思维方式带到生活中，经常用不同的方式来解决生活中的问题，逐渐培养你的横向思维。

第九章

拥有好习惯的男孩忘不了的 10 件事

　　好习惯能够引导你走向光明，坏习惯却会把你带到不健康的生活状态中。老师说早睡早起精神好，打扫房间很重要，烟酒通通都扔掉……虽然听起来像是老生常谈，但是，认真听听这些话吧，我们会受益一生。

第一节　把闹钟放在床边，提醒自己早睡早起

已经晚上十一点多了，小华还坐在电视机前看电视，妈妈走过去，"啪"的一声把电视关掉了，小华一脸的不高兴，竟然和妈妈闹起来，生气地说："妈妈，快把电视打开，快打开，我还没看完呢！"

"不行，早就过了睡觉的时间，你不能再这样继续下去了。"妈妈摇摇头，十分坚定地看看他，然后指着卧室的方向，对他说："现在就去睡觉，否则明天你又不能按时起床，你已经连续好几天上学迟到了，快去！"

"不去！我要看电视，马上就结束了，您让我看完吧！"小华又生气又不得不央求妈妈，一直和妈妈抢遥控器。

妈妈拗不过他，只好地对他说："再看10分钟吧。10分钟以后，必须睡觉，知道了吗？"

"嗯，好的，我知道了，一定照办！"小华高兴地拿过遥控器把电视打开，津津有味地看了起来。妈妈站在他旁边，无奈地叹了口气后，就去忙自己的事情了。

洗漱好，妈妈准备睡觉的时候，突然听到客厅里电视还开着，原来，小华竟然还坐在电视机前，丝毫没有要睡觉的意思。

"小华！你怎么还不睡。"妈妈大声地呵斥道。

小华吓了一跳，心虚地低下头，回答道："马上，马上就去睡。"

妈妈指着钟表说道："你看看现在几点了？马上就12点了，

你竟然还没睡。刚才不是说只看 10 分钟吗？现在都过去几个 10 分钟了？你明天还要早起上学，怎么能这么晚才睡？"

"知道了，明天早点起来不就行了，真是的……真烦人！"小华不耐烦地起身关掉电视，低着头匆匆跑进了自己的房间。

妈妈在客厅里小声说道："早上能起来才怪！"

果然，第二天早上，都 7 点多了，小华还赖在床上，不管爸爸妈妈怎么叫他都不动。

妈妈立在他的床边，生气地说道："晚上不睡，早上不起，你的生活太没有规律了，这样怎么能好好学习呢，真让人操心！"

小华的作息很没有规律，晚上不按时睡，早晨也不按时起床，经常迟到，而且上课也总是没有精神，很影响学习。其实，晚睡晚起不但会影响学习质量，还会对身体造成很大的影响。

在我国，睡眠不足、睡眠质量不高的学生有很多，如果这种状况是经常性的，那么就会给学生的成长发育带来非常不利的影响。前面提到的肥胖问题，其中一个重要原因就是睡眠不足引起的。睡眠时间不够，你的身体内分泌就会出现紊乱，进而导致脂肪在体内堆积，时间一长，糖尿病的发病率也会大大增加，会直接影响你的健康。因此，为了你的健康和未来，一定要重视自己的睡眠，规范自己的睡眠时间。

科学研究表明，人体的各个器官从晚上 11 点钟起就开始进行修护和排毒，比如肝脏，所以你应该在 11 点之前就爬上床准备休息。

大脑有自己规律的生理周期，休息了一晚上之后它就会"按时起床"，开始自己一天的工作。可是如果你一直赖床，那么它就会被强制休眠，这样一来，你就打乱了它的生理周期，让它无法正常工作，所以你一整天的精神状态都不会太好。因此你应该遵守大脑的作息习惯，早上在 7 点之前起床，如此长期坚持对你的健康非常有利。

根据日本厚生劳动省的研究我们可以知道，早睡早起能够减少人的精神压力。人的精神压力的大小与皮质醇含量的高低有直接的关系，因为皮质醇能够帮助人体分散压力，早睡早起的人皮质醇的含量就比较高，所以他们的精神压力就比经常熬夜的人要小一些。

你每天的学习已经很辛苦了，不要再熬夜看电视了，坚持早睡早起，让自己健康快乐地生活。

成长有方法

1. 给自己制定一个合理的时间表，并严格按照时间表来安排自己睡觉和起床的时间。

2. 假期时可以对自己睡觉和起床的时间做出调整，但调整的幅度不能太大，否则会造成生物钟的紊乱。

3. 把闹钟放在枕边，让它帮你形成生物钟，这样一来，以后就算没有闹钟你也可以按时起床了。

第二节　不可暴饮暴食，要吃出好身体

过年了，王小帅非常高兴，因为他又有口福吃到妈妈精心准备的美味佳肴了。

妈妈刚刚炸好带鱼小帅就闻着味儿了，他跑到厨房来，开心地说："妈妈，我能先吃几块吗？"

妈妈笑道："可以，可是别吃得太多了，小心不消化。"

小帅"嗯嗯"地点着头，端起装带鱼的盘子就跑了。他来到自己的卧室，启动电脑，打开娱乐节目的视频，一边吃一边看，心里别提有多美了。过了大概四十分钟，妈妈在厨房叫道："小帅，装带鱼的盘子呢？"

小帅看了看放在手边的盘子，他惊呆了，因为里面已经空了。他只好端着空盘子磨磨蹭蹭地到厨房去，不好意思地说："妈妈，我都吃完了！"

妈妈听了也很惊讶，"什么，你都吃了！这可是满满的一盘啊！"

小帅傻笑道："没事，我没觉得撑啊，我还能吃饭呢！"于是又跑回去看视频了，他盯着屏幕整整坐了两个小时。

晚饭做好了，一家人都围坐在桌子旁，小帅举起杯子大声说："大家新年快乐，干杯！"于是一家人都高兴地举杯庆祝新年的到来。小帅大口吃着鸡鸭鱼肉，大口喝着果汁，妈妈看到他狼吞虎咽的样子就说："小帅慢点吃，别吃那么多，小心肚子疼。"

小帅呵呵地笑道："没事，我的胃容量可大了！"

爷爷奶奶也在一旁帮腔说："喜欢吃就多吃点儿，没事！"小帅听了很高兴，吃得更快了。妈妈看了有点担心，因为他下午已经吃了很多带鱼，害怕他因此吃坏肚子。

刚吃完饭的时候小帅还欢蹦乱跳的，等到全家人坐在一起看春节联欢晚会的时候，他突然觉得肚子有点疼，然后就坐在一边不说话了。妈妈看出他有点不舒服，就问："怎么啦，是不是肚子疼？"小帅不好意思地点点头，妈妈只好给他吃了两片"健胃消食片"，然后说："以后不许再这样暴饮暴食的了，要细嚼慢咽。"小帅听了点点头，有了这次教训后他再也不敢暴饮暴食了。

过年了虽然很高兴，但是也不可以暴饮暴食，否则就会像故事里的王小帅一样吃坏肚子。对于正在长身体的学生来说，偏食或者饮食过少很容易造成营养不良，而经常性地暴饮暴食也会对身体带来不良的影响。因为长期地快食、贪食会导致大脑中枢的饱食中枢和饥饿中枢出现紊乱。当你

优秀男孩一定要做的100件事

在吃饭时，食物进入胃里以后，饱腹的信号大约在20多分钟后才能传递到大脑，如果你进食过快就会导致饮食过量。时间一长，你体内摄入的脂肪和热量就会超标，再加上运动量不足，自然就很容易发胖。而发胖又可能会引起高血脂、高血糖等病症，对身体的危害很大。所以，如果你想有一个好身体、好身材，那就要克制自己，不要暴饮暴食。

为了你的健康和帅气，应该注意养成良好的用餐习惯，吃饭时要细嚼慢咽，并且吃到七分饱即可。

想要控制自己的食量，那就要放慢吃饭的速度，并且把吃饭当作一个享受的过程。放慢吃饭速度的方法有很多，比如和家人讨论一下饭桌上的食物有什么营养价值，有没有关于这些食物的名人故事、菜肴的烹饪方法等，用谈话的方式来放慢你吃饭的速度。

人们常说"人是铁，饭是钢，一顿不吃饿得慌"，但是，就算再饿也不能吃得特别饱，因为饮食过饱会让人变得懒惰，同时全身的血液等机能都要为消化食物而服务，所以大脑的反应就会变慢，而且总是让你感觉昏昏欲睡，影响你的学习状态。所以吃饭要吃到七分饱，既能让你得到足够的营养，又不会影响你的思维。

成长有方法

1. 吃饭时告诉自己"不能吃太多"，并想想暴饮暴食的后果，用这种心理暗示的方法来克制自己的食量。

2. 吃饭时放慢速度，要细嚼慢咽，这样能够加快饱腹感，从而让你减小食量。

3. 请家人对你的饮食进行监督，让他们经常提醒你不要暴饮暴食。

239

第三节　每天干一点家务，做个勤快的好儿子

李杰今年上初一了，他从来都不做家务，每天一起床就磨磨蹭蹭地洗漱、吃饭，就算提前收拾好了也不会主动去整理自己的床铺，在屋里晃荡一会儿后背起书包就走了。妈妈实在不想再这样惯着他了，于是就决定让他改改这个不做家务的坏习惯。

中午放学回来，李杰发现床上乱得一塌糊涂，被子根本就没有叠，然后就不满地说："妈妈，今天您怎么没有叠被子？"

妈妈若无其事地说："是吗，我明明叠好了啊。"

李杰生气地说："您没有叠我的被子。"

妈妈看了看他，也不太高兴，道："你也没有给我叠过被子，我为什么要帮你叠呢？"

李杰听了觉得很奇怪，说："这些事不是应该妈妈做的吗？"

妈妈严肃地说："李杰，我是你的妈妈，不是你的保姆，没有义务替你做家务。从今天起，你的事情要自己做！"

李杰被妈妈吓了一跳，他从来没有见过妈妈这么严肃，只好小声说："自己做就自己做，反正也没有什么大不了的。"然后他就走到餐桌旁坐下，准备吃午饭。

妈妈却对他说："先把你的屋子收拾好再过来吃饭。"

李杰不高兴地说："我饿了，我要吃饭，吃完饭再说。"

妈妈命令道："不行，现在就去！"

看着妈妈满脸怒气的样子，他只得去把自己的房间收拾好。过了一会儿，他来到饭桌前，刚端起碗准备吃饭，妈妈又说："你昨天换下来的衣服我没有洗，下午放学回来你要自己洗干净，

否则就没得穿了。"

李杰气呼呼地答应着："知道了，我自己洗。"

晚上放学回家，他果然看见盆子里泡着一盆脏衣服，嘴里嘟哝着："妈妈真懒！"然后就自己动起手来，没洗两分钟他就觉得累了，心想："原来洗衣服这么累啊，怪不得妈妈不喜欢洗衣服！"由于这是第一次洗衣服，他洗得很慢，而且一边洗一边喊累，大概用了四十分钟才把衣服洗完。妈妈在一旁偷偷地看着，她的脸上露出了笑容。

李杰在妈妈的强迫下终于做了一次家务，而且他也体会到了妈妈的辛苦，这次经历会帮助他养成主动替妈妈分担家务的好习惯。其实，日常生活中，像李杰这样的中学生还有很多，在父母的宠爱下，他们习惯了这种"衣来伸手饭来张口"的生活方式，很少有人会主动替妈妈分担家务。

调查表明，德国的孩子要比其他国家的孩子更擅长做家务，他们早在咿呀学语时就在家长的指导下做些简单的家务活，如在用餐前帮家长摆放好餐具。德国父母认为，虽然孩子还很小，许多事情都做得不够好，但经过长期锻炼，他们的动手能力就会慢慢增强。

所以，你也应该尝试着做一些家务，不但能减轻父母的负担，还可以锻炼你的动手能力。

做家务的好处还有很多，比如可以锻炼身体。其实，并不是只有打篮球、跑步等运动才能起到锻炼身体的作用，做家务同样可以。你在扫地、擦桌子或者洗碗的时候，手、腿和腰都会不停地运动，运动就能起到锻炼身体的作用。做家务也是一个体力活，如果你的动作比较快、用的力度比较大，那么不一会儿就会满头大汗，不过正好可以帮你排排毒，对身体大有好处。

每天都做一点家务，把家里收拾得干干净净的，自己的心情也会变得很好。而且，只要你肯做点家务，父母就会很开心，因为他们能体会到你

241

的孝心。

伟大的无产阶级革命家、思想家列宁在做家务上就非常主动，他不但主动帮助家人做家务，还会因为家人故意让他休息而生气，在他看来，身为家庭的一分子，做家务就是一种责任，也是一种义务。一位著名的歌唱家在家里也是很爱做家务的，他在一次娱乐节目上说，"咱家的家务都是我包揽的，洗衣服也是我的活儿，我还帮孩子剪指甲呢"。

很多知名的人物都表明，做家务是一件很有必要也很有趣的事，每个人都应该主动承担一些家务，这样能让家庭更和睦。对于学生来说，做家务也是锻炼你的实践能力和自理能力最直接的方式。

成长有方法

1. 把做家务当作自己的责任和义务，每天帮父母分担一点家务，开始的时候可以少做一点，或者做一些比较简单的事情。

2. 做家务的时候如果觉得很无聊，那就给自己找点乐趣，比如在房间里放自己喜欢听的音乐。

3. 自己的房间自己收拾，自己的衣服自己洗，尽量不要太依赖父母。

第四节　扔掉嘴里的烟头，做个好孩子

放学的铃声打响了，同学们一窝蜂地从教室里跑出来，呼朋唤友地结伴回家。张鹏和林中也勾肩搭背地笑着往家走，他们两

个是发小，一直形影不离。

两个人的学习成绩都还不错，平时也都是家长眼中的乖乖男，可是，今天张鹏却问了林中一个意想不到的问题："你想吸烟吗？"

林中听了一愣，答道："不想，怎么了？"

张鹏说："咱们班有好几个同学都在吸烟，前一阵子他们也让我学着吸，其实吸烟的感觉还不错，你可以尝试一下。"

在林中的想法里，只有坏学生才会吸烟，他赶忙说："我不吸，妈妈说对身体不好。"

张鹏笑道："是吗，那你爸爸怎么一直在吸啊？"林中听了也觉得奇怪，于是，他决定向爸爸请教一下这个问题。

晚上吃饭的时候，林中好奇地问："爸爸，妈妈说吸烟对身体不好，可是您为什么还一直吸啊？"

爸爸还没来得及回答，妈妈就没好气地说："还能为什么，不爱惜自己的身体呗！"爸爸傻笑了两声，没有说话。

林中又问："那我能吸烟吗？"

爸爸听了这话突然严肃起来，说："当然不能，你还是小孩子。"

林中说："可是，我们班有很多同学都吸烟，连张鹏也吸。"

爸爸妈妈听后都感到很惊讶，赶紧警告他说："林中，你可不能和他们学！"

林中笑着说："好啊，不过，如果爸爸一直吸烟，我也会被传染的。"

爸爸听了觉得有点不好意思，于是就和儿子约法三章，"儿子，吸烟真的对身体不好。你看，我的嗓子经常疼，所以我从今天起就戒烟，你也要答应我，不可以吸烟！"林中点点头，笑着答应了。

后来，林中一看见张鹏吸烟就会说："我爸爸都戒烟了，吸

243

烟就是对身体不好，作为好朋友，我必须制止你的行为。"几次劝告后，张鹏也改掉了这个坏习惯。

在父母的教育下林中正确认识了吸烟的害处，而且还帮助好朋友张鹏改掉了这个坏习惯。其实，像张鹏这样正处在青春期的少年最容易染上类似吸烟、喝酒等恶习，如果不及时改掉，就会对自己的身心造成很大的伤害。

青少年吸烟大都只是一种模仿行为，有的是模仿自己的父亲，有的则是模仿影视剧中手里夹着雪茄的"大哥"和"老板"。这些"大哥"和"老板"在吸烟时总会流露出陶醉的神情，而且还经常摆出几个帅气的造型，思想单纯的青少年们自然会被这种华丽的包装所吸引，然后也想像这些"大哥"和"老板"一样有气派、有风度，所以就开始模仿大人吸烟。

除了模仿之外，青少年吸烟也是好奇心在作祟。小孩子对大人的世界总是充满了好奇，什么都想尝试一下，而且还不能正确分析事情的好坏，所以很容易误入歧途。想要健康地成长，就要认真聆听师长的教诲，正确认识大人的世界，做一个更聪明、更理智的好男孩。

我们平时经常说"吸烟有害健康"，到底是什么原理呢？烟草中含有大量的尼古丁，尼古丁会毒害人的脑神经，造成精神萎靡、记忆力下降。青少年正处于长身体的阶段，各个系统和器官的发育都还不成熟，对一些有毒物质的抗击能力还比较弱，如果这时候吸烟，呼吸系统等就会受到很大的损伤，所以，正在长身体的你千万不能养成吸烟的坏习惯，否则将来一定会追悔莫及。

有一个13岁的小男孩，他总是出现发烧、咳嗽等症状，一开始医生以为只是轻微的感冒，所以只给他开了一些治疗感冒的药。可是一段时间过去后，小男孩的病越来越重，医生觉得很奇怪，就给他做了一个全面的检查。检查结果发现，他的支气管上长了一个肿瘤，情况非常严重，医生赶紧安排了手术，帮他切除肿瘤，这才治好了他的病。从常理上讲，得这种病的患者年龄大都在 40 岁以上，一个 13 岁的男孩怎么会得这种病呢？原来，这个男孩已经有了两年的吸烟史，由于年龄太小，呼吸系统发育尚不成熟，还无法抵抗烟草中携带的病毒，因此就长了肿瘤。

事例中的小男孩小小年纪就上了手术台，不但对他的身体造成很大的伤害，对他的心理也会有一定的影响。所以，青少年一定要远离烟酒，让自己健康的成长。

成长有方法

1. 当有同学引诱你吸烟时，要果断地大声说"不"，拒绝染上烟瘾。

2. 经常去听有关青少年健康成长的课程，正确认识吸烟的害处，从思想意识上杜绝吸烟的想法。

3. 如果身边有吸烟的人，无论是你的父亲还是朋友，都要对他们进行劝导，这既对他们有利，也对自己有利。

第五节　全力以赴去做一件小事

小华答应了隔壁的王阿姨，要给她七岁的儿子龙龙辅导功课，可是一写完作业他就想出去玩儿，对这件事情总是漫不经心的。龙龙的学习基础不好，经常不会写拼音，作业本上出了很多错，小华给他讲了一遍，可是他还总是问："小华哥哥，这个字怎么拼啊？"

小华被问得很不耐烦，他拿过龙龙的作业本，帮他把错误一

245

气都改正了，然后说："你看看我改过的，自己考虑怎么学拼音。"然后就一会儿跑到阳台上看外面的小朋友玩耍，一会儿又打开电视看动画片，任凭龙龙在一旁冥思苦想。

妈妈一直都在厨房里做晚饭，但是她把这一切都看在了眼里。正当小华看得起劲儿的时候，妈妈走过来迅速关掉了电视机。小华大声说："妈妈，您干什么呀，我正看到精彩的地方！"

妈妈一脸严肃地说："你答应过王阿姨什么？"

小华不耐烦地说："龙龙太笨了，我教不会他。"

妈妈很生气，大声说道："你都没有努力去尝试，怎么知道教不会。既然答应了王阿姨，你就应该全力以赴，态度这么不认真，怎么能把事情做好！"

小华听了虽然有点生气，但是心里也很惭愧，他知道妈妈说得很有道理，只好答应着："我知道了，现在就去给龙龙辅导功课。"

小华回到卧室，他看见龙龙因为想不出答案而急得通红的小脸，心里更不是滋味，赶紧笑着说："龙龙，还没想出来啊，让哥哥帮你吧！"龙龙听了立马高兴起来。

小华耐心地给他做讲解，也尝试了很多种方法来引导他，他听得很认真，不一会儿就明白了，还兴奋地对小华说："小华哥哥，我懂了，原来我不傻，谢谢你！"看着龙龙可爱的样子，小华非常高兴，他也从中体会到了一丝成功的喜悦。

给一个七岁的孩子辅导功课本来是一件很简单的事情，但是一开始小华并没有全力以赴，所以觉得事情并不好办，接受妈妈的批评后，他认识到了自己的错误，尽心尽力地给龙龙辅导功课，果然收到了很好的效果。所以，无论你做什么，只要下定决心去尝试，就应该全力以赴，只有全力以赴了你才会知道自己的实力，而且就算失败了也不会觉得后悔。

全力以赴能够给你带来惊人的毅力，让你见识到自己意想不到的能

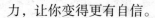

力，让你变得更有自信。

　　比尔·盖茨是微软的创始人，他在事业上取得了很大的成就。之所以有这样的成就，是因为他从小就懂得，做事要全力以赴。一次他去教堂听戴尔牧师讲道，讲道结束后，戴尔牧师说："如果谁能背诵《圣经·马太福音》第四章到第七章的内容，我就请谁到西雅图的高塔餐厅饱餐一顿，顺便让他看一看西雅图美丽的夜景。"教堂里的人听了非常兴奋，很多人都决定试一试，可是这几个章节的内容非常多，而且很复杂，读起来都不太好理解，更别提背诵了。很多人都是有始无终，或者还没开始就放弃了，都说"这么难，我肯定不能背下来"。一个月后，11岁的比尔·盖茨找到了戴尔牧师，说："牧师，我已经背下来了。"牧师笑着说："好，那就背给我听吧。"比尔·盖茨很熟练地背诵起来，有时还会声情并茂，而且从头到尾都没有出现错误，只是有些地方略有停顿。牧师惊讶地问："孩子，你是怎么做到的？"比尔·盖茨说："我全力以赴了。"牧师非常欣赏他，果然带着他去了西雅图的高塔餐厅享用了一顿大餐。

　　做事情全力以赴、全身心投入，会让你的效率提高很多倍，许多奇迹就是在全力以赴中创造出来的，不管你的能力如何，只要肯全力以赴，总会收到意想不到的结果。但是，如果做事的时候漫不经心，那么不论你的能力有多强、这件事情有多简单，你都不会完成得很好。所以，倘若你想做一个优等生，做一个让别人钦佩的人，那就全力以赴地去学习、去进步，相信你肯定会取得成功。

成长有方法

1. 培养自己全力以赴的学习和生活态度，应该从全力以赴做小事开始，不论是多小、多简单的事情，都应该全身心投入，争取做到最好，并以此来锻炼自己。

2. 做事情的时候要不断地提醒自己，"我还能做得更好"，激励自己竭尽全力。

3. 给自己制订一个既合理又有挑战性的计划，刺激自己全力以赴。

第六节　遵守约定的时间

东汉时期的学者陈太丘是个很有时间观念的人。一次，他和一个朋友约好中午见面。可是，过了中午朋友却没有出现。陈太丘当天刚好有急事，他在门口转悠了好半天，出门的马车都已经备好了，可是朋友却连个人影儿都没露。他实在等不下去了，就对正在门口玩耍的小儿子元方说："等会儿有人问我，你就告诉他，我有急事出去了。"元方答应道："知道了，您去吧。"

陈太丘走后没过久，一辆马车就飞快地来到他们家门前。车主下了马车，问元方："你的父亲呢?"元方答道："他有急事出去了。"朋友听了非常生气，大声骂道："这个人真是的，明明和我约好的，怎么自己走了，太不像话了!"虽然很气愤，但是主人已经出了门，他只好打道回府。上车的时候他还骂骂咧咧地，"我大老远地赶来，他却办自己的事去了，真不像话!"

元方起初还没有太生气，当听到这个朋友骂他的父亲"真不像话"时，他放下手里的玩具，站起来指着这个人说："你明明和我父亲约好中午见面的，过了中午还不来，这是不遵守时间。你有错在先，不说给我父亲赔不是，还当着我的面骂他，简直是不懂礼数，真不知道我父亲怎么交了你这么一个朋友！"

这个朋友听后非常惭愧，他叹了口气说："一个小孩子都比我明事理，真是惭愧啊！"于是他就一直在陈太丘家里等，希望能够亲自向陈太丘道歉。

傍晚的时候，陈太丘回来了，他看见朋友的马车停在门口，而朋友也在家里等着，就问："你是刚来的吗？"朋友连忙赔礼道："我来了好一会儿了，真是不好意思，中午的时候我违约了，特意等你，向你道歉。"陈太丘笑道："我应该多等一会儿的，只是刚好有急事，真是对不住啊！"于是急忙备了酒菜，热情款待。

故事中的朋友因为没有遵守约定的时间，不但错过了和陈太丘见面的机会，还被元方训斥了一顿，所以，和他人约好后一定要守时，这是对他人最基本的尊重。

通常情况下，人们总是以"忙"或者各种特殊原因来为自己的迟到找借口，其实，无论你的理由有多充分，迟到都是非常不礼貌的。在与人交往、尤其是和不太熟悉的人交往时，一定要注意遵守约定的时间，这样不但能够提高办事的效率，也能给对方留下一个好印象。

有一位企业家，他平时的工作非常忙，不仅要处理公司的事情，还要会客、进行商务洽谈等，每天的日程都安排得很满。虽然事情很多，但是无论出席什么场合他都不会迟到，这都要归功于他的秘书。秘书每天早上都会向他汇报这一天的日程安排，遇到要出门访客的时候，秘书就会提醒他，让他早点出门，免得路上出现堵车等现象。有时候秘书还会故意把他手表上的时间拨快10 分钟，这样他就不会迟到了。

其实，想要做一个遵守时间的人并不难，只要花一点小心思就够了。比如给自己准备一个日程表，每天记下自己和朋友约定的时间和事情，随时翻看，提醒自己不要迟到；也可以学学故事中的秘书，把自己手表、手机上的时间拨快几分钟，这样能刺激你动作快一点，自然就不容易迟到了。

成长有方法

1. 给自己准备一个"日程记录本"，随时记下自己和朋友的约会时间，然后经常翻看，提醒自己不要迟到。

2. 把手表、手机上的时间调快几分钟，刺激自己动作快一点。

3. 考虑路上可能会遇到堵车等特殊情况，应该把路上的时间估计得长一些，这样你就会提前出门，迟到的概率也会变小。

第七节　今天的事今天完成

陈晓毅是个勤快的男孩，每个周末都自己洗衣服。一次星期六，他一早起就把要洗的衣服泡在了盆子里，刚准备洗，可是朋友却打电话来，"我们去游泳，你去吗?"他高兴地说："好啊，我去!"然后一边准备泳衣一边对妈妈说："妈妈，我出去一下，回来再洗衣服。"妈妈说道："去吧，早点回来。"

这一天晓毅和朋友们玩儿得很高兴，连午饭都忘了吃，下午三点钟才回家。他一回来就兴奋地和父母聊起了游泳时遇到的趣事，还模仿别人游泳时滑稽的姿势，逗得父母哈哈大笑。

聊着聊着，妈妈一看表，提醒他说："晓毅，已经五点钟了，你的衣服可还没洗呢!还有你的作业，今天一天都没有写，可要抓紧时间啊！"

晓毅的高兴劲儿还没有过，他笑着说："没事，我一会儿就去洗衣服，晚上的时候再把语文作业写完，明天写英语作业和数学作业。"

爸爸听了笑道："分配得还挺清楚，不过，如果今天的事情完不成，明天可就忙不过来了。"

晓毅肯定地说："我一定能完成。"

吃完晚饭后，晓毅觉得肚子有点撑，心想："先打会儿游戏吧，等一下再洗衣服。"

晚上八点了，妈妈看见他还在打游戏，就说："晓毅，先把今天的事情做完了再打游戏。"晓毅这会儿正玩得起劲儿，连头都顾不得回，一边玩一边说："妈妈，没事，我再玩一会儿。"妈妈摇摇头，没有再理会他。

等到 10 点钟的时候，爸爸发现他还在打游戏，于是生气地说："你怎么还在打游戏，今天的事完成了吗？"

他听了赶紧把电脑关了，本来想去洗衣服的，可是今天真的很累，他小声地说："爸爸，我明天再做吧，今天太累了。"于是倒头就睡。爸爸看着他疲惫的样子叹了一口气，也没有再管他。

第二天，晓毅一睁眼就想起来自己还有很多事情没有做，心情非常烦躁，在床上大吵大叫的，可是父母根本没有理会他，也没打算帮他，他们希望这次经历能让晓毅长个教训。

俗话说得好，"今日事，今日毕"，如果不把今天的事情完成，明天就会过得很辛苦，就像故事中的陈晓毅一样。他把两天的工作都挤在了一天，不但感觉疲惫，连心情也受到了影响。

很多比较成功的人都会在计划内完成自己的事情，因为他们知道，明天还有很多事情要去做，所以无论如何都要把今天的事情做完。一个人想要成功，就应该养成"今日事，今日毕"的习惯，只有这样才能更好地把握自己的计划，让生活更有规律，学习更上一层楼。

亲鸾上人是日本一位非常著名的禅师，他的言论深受世界佛教徒的推崇，能够取得这样的成就，与他"今日事，今日毕"的行事风格是分不开的。在他九岁的时候，他到寺庙里找到老主持，说："我想出家。"老主持问他："你为什么这么小就出家呢？"他伤心地说："我的父母都去世了，我想弄明白人为什么要死亡。"老主持听了点点头，说："我知道了，你的确是个学佛的好苗子，我一定会收下你的。可是，今天已经很晚了，我明天再给你剃度吧。"他却着急地说："师父，也许明天我就不想出家了。到时候我还怎么出家，怎么探究人为什么死亡呢？"老主持听了很高兴，赞叹道："你说得很有道理，我现在就给你剃度。"出家之后，亲鸾一直很努力地钻研佛学，每天都给自己安排很多学习内容，而且从来都不把今天的事情推到明天，就这样逐渐从一名普通的僧人变成一位德高望重的禅师。

清朝的钱鹤滩写过一首《明日歌》，诗里说："明日复明日，明日何其多。我生待明日，万事成蹉跎。"它的意思是，不要把事情都推到明天去做，也许明天你依旧无法完成任务，这样日积月累，你欠的"债"就会越来越多，到头来只会一事无成。所以，做事不能拖拖拉拉，一定要养成"今日事，今日毕"的行事风格。

成长有方法

1. 安排好自己今天要做的事情，然后不遗余力地去完成，不要盲目地生活，要有计划性。

2. 把"今日事，今日毕"写在书的扉页上、笔记本上，或者贴在自己卧室的墙上，每天都看一看，提醒自己认真完成今天的事情。

3. 当自己想拖拉的时候，就考虑考虑自己忙碌的明天，相信你一定不会希望疲惫地度过明天。

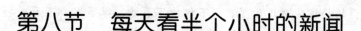

第八节　每天看半个小时的新闻

"哎，又'Game over（游戏结束）'了，真没劲。"孟哲一边玩电脑里的小游戏，一边发出感慨。"你这孩子，有空不多读点跟学习有关的书，整天就想着玩游戏。"妈妈说话了，"过来跟妈妈一起看新闻联播吧？"孟哲嘟着小嘴不乐意了，"新闻有什么意思呀！没有游戏好玩。"

妈妈听孟哲跟小大人似的抱怨，笑了笑说："今天爸爸要加班，没时间看新闻，咱们一起替他看好不好？等爸爸回来你讲给他听。"孟哲一听要替爸爸看新闻就有了劲头，他喜欢得到爸爸的表扬。

于是孟哲乖乖地跟妈妈坐在沙发上，安静地看新闻联播节目。

"妈妈，你看！新闻报道说最近全国很多地方都出现了沙尘暴，还提醒市民外出要戴好口罩，做好防护工作。"

妈妈拉着孟哲的小手说："对啊，沙尘暴会污染空气，影响人们的身体健康，强烈的沙尘暴还会损坏公共建筑物。"

孟哲疑惑地问妈妈："那沙尘暴是从哪里来的呢？"

妈妈启发孟哲，"孩子，你知道沙尘暴是什么吗？"

"这个我知道！沙尘暴就是很多很多沙粒漫天飞舞，所以叫沙尘暴。"孟哲兴奋地回答，因为前些天上社会课的时候老师讲过。

"好孩子，看来你上课很用心嘛！"妈妈夸奖地说。"沙尘暴是因为土壤受到风蚀而发生的，尤其是干燥的土地更容易被侵蚀，然后就变成颗粒，风一吹就形成了沙尘暴。"

"噢，原来是这样啊！那有什么办法能阻止沙尘暴呢？沙尘暴会让空气里都是沙子，我一点也不喜欢。"

　　妈妈被孟哲逗乐了，"不仅你不喜欢，很多人都不喜欢沙尘暴。现在最有效的办法就是植树造林，让裸露的土地都披上绿色的外衣，就能防止土壤被风刮走，也就能减少沙尘暴了。"

　　孟哲开心地说："哦！我知道，要爱护环境，刚才新闻里说了，要提高环保意识。妈妈你要做到环保哦！为了我们的地球！"

　　"好啊，那以后你要少玩游戏，养成看新闻的好习惯吧！这样还能学到更多的知识，对学习也有帮助呢！"

　　"妈妈，我听你的，以后我们跟爸爸一起看新闻吧！"孟哲开心地回答妈妈。

　　很多男孩喜欢玩网络游戏，或是看一些比较能吸引人的新鲜事物，对每天准时播放的新闻却没什么兴趣，对网络上一些其他的新闻也不甚了解。其实，看新闻或者新闻类的节目，都是有好处的。像上文中提到的孟哲，他在妈妈的引导下既从新闻中获得了乐趣也学到了知识。虽然新闻不能直接提高男孩的学习成绩，但可以增加男孩的知识面，提高男孩的整体素质，因此坚持看新闻对男孩的确是有好处的。

　　一是，看新闻能让男孩养成良好的倾听习惯，学会集中注意力。学会倾听是一件很重要的事情，懂得倾听的男孩更能在某件事情上集中注意力，与别人交谈时能抓到谈话内容的重点，养成不随便打断对方说话的习惯。同时，经常看新闻还能训练男孩的口头表达能力。有些男孩不擅长用语言表达自己的想法，看新闻联播能让男孩学习到一些表达技巧，让男孩的心思也变得"更容易猜"。

　　二是，通过新闻，男孩可以了解到小到身边、大到全世界正在发生的事情，能及时了解到世界每一天在发生的变化，而且对一些朗读能力较弱的男孩也有帮助。新闻节目主持人的播音水平可以说是全国最好的，无论是朗读的技巧，还是表情的配合，都是值得学习的榜样。

三是，新闻所包括的知识面很广，既能丰富男孩的知识，又能拓展男孩的视野，在紧张的学习中还能起到调节作用，不仅能了解社会的发展形势，还能丰富课余生活，真是一举两得呀！

不过，看新闻也有要注意的地方。有些男孩只看热闹，看过之后便丢到脑后，完全不见踪迹。这样就是浪费时间、浪费精力的行为了。所以，看新闻要做到"全"、"勤"、"细"、"快"。即：全面地了解和掌握新闻内容，坚持做到持之以恒，看新闻时做到细致、专心，看新闻时尽量做到迅速捕捉到新闻所表达的内容和信息，使思维变得更加敏捷。

成长有方法

1. 尽量找自己感兴趣的新闻看，这样才能从中体验到乐趣。

2. 看新闻的同时，可以将一些自己的想法或领悟记录下来，不要错过思维碰撞出的火花。

3. 不要因为看新闻而耽误学习，每天规定一个时间段用于看新闻。

第九节　走路时昂首挺胸，坐立时稳当端正

张帆今年 14 岁了，他的个子长得很高，许多男生都非常羡慕，但是，他走路的样子非常不好看，总是低着头、驼着背、斜着肩，而且无精打采的，一副老态龙钟的样子。

一次，他在前面驼着背走着，一个同学从后面拍了他一下，笑道："是不是因为经常和我们这些小人国的人打交道，所以你的背才会一直驼着啊？"他听了很不好意思，心里想着自己驼背的样子，觉得非常丑陋，于是情绪一下子就低落了。

回到家后，母亲看出他不开心，就问："小帆，遇到什么不

255

高兴的事了吗?"

小帆沮丧地说: "妈妈,您觉得我走路的样子是不是特别难看?"

其实妈妈早就看出了小帆走路的姿势有点奇怪,只是没有想出什么好办法来帮助他纠正,正好小帆问到了这个问题,于是妈妈说:"是有点,不过你也不需要难过,我们肯定会有办法解决的。"

张帆听了赶忙问:"什么办法?"

妈妈为难地说:"我也没想好。"小帆听了又不高兴了,连晚饭都没有好好吃。

爸爸加夜班回来了,妈妈和他谈起了这件事,爸爸笑道:"办法倒有,就是不知道他愿不愿意试一试。"

妈妈还没说话,小帆却从房间里跑出来,高兴地说:"愿意,愿意,我愿意,什么办法啊?"

妈妈被他吓了一跳,说: "你不是睡觉了吗,怎么又起来了?"张帆"嘿嘿"地傻笑着。

爸爸说:"站军姿啊,你见过哪个军人是驼背吗?"

张帆一想,"对啊,这么简单的办法我怎么没想到呢?"于是,从那以后,他每天都坚持站半个小时的军姿,还让妈妈监督他,一段时间后他的毛病真的改了不少,走路时也是昂首挺胸的了,再也不像以前那样。

由于不注意自己的形体健康,张帆被驼背苦恼了好一阵子,这也让他意识到注意走路的姿势有多么重要。其实在生活中,像张帆这样的例子还有很多。处在小学和初中阶段的学生,具有很强的模仿能力,他们的骨骼正在发育的关键阶段,其骨骼弹性大,硬度小,不容易骨折,但容易变形。如果平时不注意坐、立、行的姿势,就会影响骨骼的正常发育,造成脊柱等的变形,对气质也有很大影响。所以,平时一定要注意自己的坐、立、行姿势，骨骼如果发生变形，不但会影响你的健康和美观，还会给你带来自卑感。

想要骨骼健康地发育、成长，就要从生活中注意自己坐、立、行的姿势。有句话说"站如松、坐如钟、行如风"，意思就是，站立的时候应该像一棵挺拔的松树一样，双脚稳稳地站在地面上，两条腿要站直，眼睛平视前方，挺胸收腹，两臂自然下垂。如果自己做不到的话，可以靠着墙壁练习，脚跟、小腿肚和臀部紧贴墙面，而背部离墙5~8厘米。长期坚持，你的站姿自然就可以像松树一样端正了。

再说说"坐如钟"，意思是坐的时候应该像座钟一样，端正、稳当。头部正直，双肩放松并向后微张，上半身自然挺直（挺胸、立腰），左右腿大致平行，膝盖弯曲成直角，脚平放在地面上。学生们大部分时间都是坐着的，在学校时坐在教室里，回家了又要坐在书桌前，如果不注意自己的坐姿，很容易影响脊椎的发育。

"行如风"是说，胸部前上挺，腰部挺直，微收腹，臀部略向后凸，两臂自然摆动，走路稳健有力。这样走路不但看起来端正优美，而且还能促进全身的血液循环，对身体很有好处。

成长有方法

1. 多练习站军姿，军姿能够帮助你塑造挺拔的体型，而且可以让你看起来像军人一样，自信而有魅力。

2. 课余时可以学习塑造形体的课程，参加一些专业的形体训练班，让自己的骨骼更健康，身材更挺拔。

3. 不要长时间坐在电脑前，因为你无法长时间保持正确的坐姿，时间一长会影响脊椎的发育。

第十节　上课遵守纪律

三国演义里有一段诸葛亮斩马谡的故事。

公元 228 年，诸葛亮帮助后主刘禅发动了北伐曹魏的战争。将一块重要的地方——街亭交给马谡镇守。临行前，诸葛亮再三叮嘱："街亭虽然是块弹丸之地，可一夫当关万夫莫开。它是汉中的要塞，如果街亭失守，那我们就死定了。"并且指定了一块"靠山近水"的地方让马谡安营扎寨。

谁知马谡来到街亭后，却将诸葛亮的吩咐抛到脑后，自作主张地将部队驻扎在离水源比较远的街亭山上。这时，副将王平善意地提醒马谡："街亭既没水又没有运送军粮的路，魏军打进来，只要切断水源，拦截粮道，那我们就不战自败了。还是请主将遵守纪律，三思而行。"

可马谡毫不在意地说："我马谡擅长兵法是大家都知道的事情，就连丞相有时都向我请教，我自有主张。"接着王平又对马谡好言相劝："我们应该听从安排才对，不应该坚持己见啊！"

事实很快就验证了"无规矩不成方圆"这个道理。曹明帝派出的将领张郃很快就找到了马谡的水源，并拦截了他的粮道，不但马谡成了瓮中之鳖，街亭也拱手让给了曹军。

事后，诸葛亮为了整顿纪律，将马谡斩首示众。

诸葛亮为了强调纪律，不惜将自己得力的助手斩首，因为军队是极其需要纪律的地方，而课堂则是另外一个"极其需要纪律"的地方。

男孩一般都比较调皮，爱打打闹闹，但是课堂是最重要的学习场所。遵守课堂纪律，不仅是为了拥有一个良好的学习环境，也是尊重老师的表现。另外，安静的课堂更利于你听清楚老师讲课，能提高学习的效率。所以男孩们要注意，遵守课堂纪律，才能更好地学习。

苏联一位军事家有句名言："纪律是胜利之母。"在战争中要获得胜利就要依靠铁一般的纪律。学习也一样，取得好成绩的前提是，拥有良好的学习环境。试想一下，在乱哄哄的教室里想要专心听课或者写作业，恐怕很难吧？

除了要保持安静，课堂纪律还包括认真听老师讲课。男孩们精力旺盛，似乎总是闲不下来，在课堂上左顾右盼、交头接耳是常有的事，其实这是对老师的不尊重，也是对同学的不尊重。课堂上的窃窃私语会影响其他同学听讲，这是很不礼貌的。另外，课堂上别的同学回答错误，不能嘲笑别人。若自己知道答案，便举手回答；不知道就更要仔细听老师讲解。

除了上课要遵守纪律，男孩还要遵守课间纪律和放学后的纪律。每天放学的时候是男孩们最开心的时刻，很多男孩迫不及待地拎起书包就冲出教室。因为课后没有老师的监督，有的男孩便肆无忌惮地跟同学打闹，甚至过马路也不专心，三心二意地踏上斑马线却没发现是红灯。这样很容易发生危险事故。所以，即使在课外，男孩也要遵守纪律。在这方面，有一个关于列宁的小故事。

一天，列宁去克里姆林宫理发室理发。因为理发的人很多，尽管两位理发师忙得团团转，可还有很多人在排队等着理发。大家看到列宁来了，都给他让座，并且请列宁先理发。可是列宁却遵守理发室的规定，排队按顺序理发。他微笑着说："谢谢你们，不过这样可不好，我是后来的反而先理发了，这不符合规矩。我们每个人都应该遵守秩序，排队理发。"说完，他拿过一把椅子，走到最后的位置坐着。

其实，要做到上课遵守纪律是很简单的事，只要认真听老师讲课，跟着老师的思路走就不会开小差，也不会想做小动作了。而且遵守课堂纪律

259

并不是限制自由。从表面看，遵守纪律和拥有自由好像是水火不容的事情，实际上却并不是这样。有纪律，才有相对意义上的自由，反过来也一样，没有纪律就无所谓自由。

想要在学习上取得好成绩，男孩就要懂得遵守课堂纪律，并且这个习惯能在走出学校之后继续发挥作用，帮助男孩成为一个有自律能力的人。在现代社会中，能做到自律自强就好比在成功的道路上为自己插上一对翅膀，能让男孩飞得更高、更远。

成长有方法

1. 上课纪律是每个学生都应该遵守的，只有遵守纪律才能获得知识，而知识是进步的根本。

2. 遵守课堂纪律不必太过死板，以学习为准则即可。

3. 除了课堂纪律外，男孩也要遵守生活中的其他行为规则，如交通规则、购物规则等。

第十章

生存能力强的男孩要尝试的 9 件事

一百多年前达尔文就说，"物竞天择，适者生存。"而这个"适者"永远都是强大的一方，想要让自己变得强大，就应该适当拒绝父母的呵护，努力提高自己的生存能力。生存能力绝非一朝一夕就可以练就的，但也并不是十分困难的事情，只要在生活中注意锻炼自己的各种生存技能即可，比如做饭、游泳、急救等。这样不但可以提高自身的素质，必要的时候还可以给他人一些帮助，尽显你的"男儿本色"。

第一节　独自完成一次近距离的旅行

《鲁滨孙漂流记》是丹尼尔·笛福的第一部小说，讲述了鲁滨孙通过努力，靠着智慧和勇敢在一个孤岛上生存的故事。

　　鲁滨孙生于英国，从小过着体面的日子。后来，他离开家，坐船来到伦敦，从当地购买了一些玩具、手工艺品和玻璃器皿等运到非洲贩卖，赚取高额的利润。

　　不太幸运的他在 1659 年第二次前往非洲时，被海盗劫持，成了俘虏。接着他又被带到了摩洛哥，成了一名海盗的奴隶。在一次出海捕鱼时，他带着海盗的另一个奴隶逃跑了。

　　鲁滨孙在海上漂流了十天。在前往南美洲的途中，遇到了风暴，只身一人流落到一个荒凉的海岛上。上岸后，他身上仅有一把小刀，一支烟斗和一小盒烟叶。他在一棵大树上度过艰难的一夜，第二天，他找到了那艘破船，并且把船上的粮食和其他物品搬到了岛上。

　　接着，他在这个荒凉的岛上，用有限的物品给自己搭了"窝"，在岛上安家落户了。在岛上，鲁滨孙自己动手做了桌子、椅子，捕食野山羊，还种植了一些农作物。漫长的岁月里他走遍了岛上的每一处地方，发现了岛上的果树，在海滩上抓鱼和海鸟充饥，他还捕获了一只鹦鹉，给它取名为"波尔"。

　　十多年后，某一天他营救了一个"野人"，并给他取名为"星期五"。两人在岛上又度过了好几年。后来，鲁滨孙离开了这个荒岛，回到了他亲爱的祖国——英国。算下来，他总共在岛上生活了28年2个月零19天。

小说里的故事也许不会发生在现实中，鲁滨孙的遭遇也许不会降临到任何男孩身上，但是作为一个优秀的男孩，如果不具备简单的野外生存能力和自理能力恐怕名不副实呢！

曾经有这样一则报道：一个18岁男孩，因为成绩优秀考上了硕士研究生，并且被指定为留法预备生。这本来是一件好事，可他在为出国做准备的语言学院上学时，刚过半年就休学了。让人大跌眼镜的是，休学的原因是他不能打理自己的生活。一想到离开父母的生活他就没办法入睡，紧张的精神导致身体出现问题，最后只能休学了。

学会生活自理，是对男孩最基本的要求。科学文化知识对男孩来说固然重要，但是一个心理承受能力薄弱、没有生存适应能力等这些基本的素养，无论其他方面如何出众，在人才济济的现代社会也不能被称为优秀。不能在社会上独立生活，总有一天会遭到淘汰的。所以，男孩们行动起来，找机会让自己进行一场短途旅行，试试自己的勇气和能力吧。

短暂的旅行能锻炼男孩解决问题的能力以及提高对社会的认识。人在旅途，就要顺其自然，并且随时准备改变路线做出新的选择。如果遇到问题懂得停下来思考而不是为即将面对的事情发愁，则会体验到成长的快乐。

旅行固然美好，不过也要注意选好目标。第一次旅行最好不要离家太远，距离感会让人产生恐慌。居住城市的周边是最适合的，既可以锻炼男孩的胆量，还能保证安全。第一次旅行的目的地最好选一个环境跟平时生活不太一样的地方。新鲜的事物和环境能激发起男孩探索的兴趣，从而对旅行充满信心。而陌生的环境能锻炼男孩独处时的能力，使男孩学会如何解决与陌生人之间的冲突和怎样与陌生人相处。

另外，男孩在第一次外出旅行时，千万要注意安全。无论到任何地方都要将自己所在的位置通知家人或者朋友，并随时与他们保持联络，一旦发生意外，可以在第一时间获得他们的帮助。还要记得随身携带手机或其他通信工具，证件一定要带好，做好面对突发情况的准备，按计划旅行，不要向陌生人透露自己的私密信息。

成长有方法

1. 旅行的目的在于锻炼自己的自理能力和生存能力，因此要尽量放开心怀大胆挖掘自己的能力。

2. 旅行的途中还可以结识一些志趣相投的朋友，通过互相的交流可以看到自身的缺点。

3. 第一次旅行最好不要单独行动，有一两个伙伴同行更安全，也更有乐趣。

第二节 向妈妈学做美味的饭菜

2011 年，英国政府下了一项特别的规定：到目前为止，还没有开设烹饪课的学校，要立即开设烹饪选修课，而已经开设烹饪选修课的则改为必修课，目的是向 11～14 岁之间的学生传授烹饪技巧。希望通过这个举动对青少年起到鼓励作用，提倡自己动手做一些既新鲜又健康的食物，而不仅是将自己的饮食交给快餐店打理。

为什么下这条规定？原来，英国国家健康论坛曾指出，过去的 15 年，从学校毕业的学生大部分都没有掌握烹饪技巧。"这简直是全国的丑闻。"他们说，而这些已经毕业的学生现在都成为了父母，除非他们在专门的烹饪学校培训过，否则将不能很好地照顾自己和子女。

英国的专家认为，不会做饭的人会因为食用太多垃圾食品和高油、高糖食物而减少寿命，而且还会让他们的子女养成不健康的饮食习惯。

"部分原因是，我们没有教给他们基本的生活技能，他们才养成这种不良饮食习惯。"英国教育监管机构的人如此说道。现在，并不是学校里的每一个学生都能学习烹饪课，因为是选修课，而且也很少能真正学到对健康有利的烹饪方法，很多孩子在烹饪课里学到的只是如何在比萨饼上撒配料，或者是如何用电脑设计漂亮蛋糕模型。

因此，英国政府规定，学生们每周必须有一节烹饪课，用于学习处理水果和蔬菜，利用简单的原料做出健康的饭菜。

没有烹饪能力就不能照顾好自己的身体，并且长期在路边餐馆用餐会对健康造成威胁，增加肥胖和患病概率。而身体是一切的根本，想做出一番成就、达到自己的目标，没有健康的身体一切也无从说起。所以，男孩想要在人生道路上走得更远，想要实现自己的梦想，首先要做的就是保证身体健康。

烹饪一向被认为是女孩的事，可是男孩想要将未来的日子过得更舒心，最好也掌握一些烹饪的技巧，毕竟照顾好自己也算是一种生存能力。男孩学烹饪并不是一件不好意思的事，事实上，作为一种生存技能，会做饭的男孩在社会上更受欢迎，更能给人留下一个好印象。而且，会烹饪的男孩还能保持更好的体型和健康的身体。垃圾食品虽然简单方便，可身体却不怎么欢迎它，难以消耗的高热量、高油脂食品会破坏男孩健康的体型，肥胖是青少年的一大敌人。所以，男孩应该抽时间跟妈妈学习烹饪。

有这样一个故事：一只鹦鹉整日被主人喂得饱饱的，过着饮食无忧的日子，唯一一点让鹦鹉不开心的是，被关在笼子里。后来，鹦鹉的主人大发善心，看到在天空自由自在生活的其他鸟儿，替鹦鹉感到伤心，想让它也能够在天空自由飞翔。于是，主人打开鸟笼将鹦鹉放回大自然。本以为鹦鹉从此会变得幸福，却没料到鹦鹉在几天之后就饿死了，因为它不会寻找食物。

掌握烹饪能力实际上也是拥有自理能力，现在有很多男孩自理能力差，在学校不会洗衣服，不会叠被子。这些小问题反映在学习和人生上，就是不愿意思考未来，也没有明确的人生理想。因为生活条件优越，根本不担心将来的生活，盲目地认为将来肯定会比现在好。这对一个男孩来说是很严重的错误，一旦父母不在身边或是一个人生活时，将会面临一连串的问题，生活中的各种小事都会对男孩造成困扰，甚至会影响到男孩的心理健康。

因此，男孩非常有必要锻炼自己的动手能力，从学习做饭开始，一点一滴地锻炼自理能力吧。

成长有方法

1. 学习做饭是每个男孩都应该做的事情，既能锻炼动手能力，还能从烹饪的过程中体会到乐趣。

2. 初次学习应该从比较简单的菜开始，避免挑战高难度的菜，以免打击自己的信心。

3. 从做饭的过程中，也可以了解一些生活的常识，有助于将来独立生活。

第三节　暑假参加一次"军训夏令营"

曼哈顿是美国纽约的商业和金融中心，同时它也是位于纽约市中心的一个小岛。在曼哈顿码头上，一位年轻人正在努力地工作，操纵着吊车把货物从集装箱上卸下来，他时不时地用一块毛巾擦去脸上的汗水。他是码头工人们公认的好小伙，名叫杰克。这位工作勤奋的码头搬运工其实大有来头。

他是哈佛大学经济管理系毕业的才子，同时也是洛克菲勒家族的一员。他的祖父是洛克菲勒财团的董事，他父亲是曼哈顿集团的经理。洛克菲勒财团在美国十大财团排在前列，是家喻户晓的富翁家族。

可富翁家的孩子并不比穷人的孩子生活过得轻松。洛克菲勒家族有个规定，一旦过了18岁，就要学会自己解决经济问题，靠自己的能力赚取学费和生活费。杰克说，他父亲也是这样过来的，当年父亲考取的是普林斯顿大学，高昂的学费使他必须更努力地挣钱。为此，他每年的假期都是在密西西比河的货轮上度过的。

无数人羡慕洛克菲勒家族的财富和成功，却不知道他们在成功之前付出了多少汗水和努力。从杰克的经历就可以看出，洛克菲勒家族的成功绝不是偶然。洛克菲勒家族之所以定下严厉的规矩，是让他们懂得成功来之不易，同时也可以培养他们独立的人格和处世能力，经历过困境才懂得珍惜所得的报酬和成果，才不会随意浪费时间和金钱。

杰克身为洛克菲勒家族的一员，尚能严格要求自己独立生活，如今的我们更应该给自己树立一个崇高的目标，让自己成为一个独立、自强、积极向上的好男孩。

有些男孩学习成绩好，可是动手能力差，身体素质也很弱，像一根"虚弱的小豆芽"；有些男孩则缺乏纪律性，没有集体意识。因此，现在的男孩非常有必要让自己接受一些锻炼，改正性格中的缺点，这样才能在人生中取得更优秀的成绩。

想要让自己接受一次考验，最好的办法就是参加一些以锻炼身体和提高意志力为主的夏令营，在假期的时候参加一次"军训夏令营"是个很好的主意。

短暂的军旅生活让男孩能体验到军队严格的纪律和辛苦的体能训练。这既能锻炼男孩的意志力，又能锻炼身体素质。现在很多"00后"的男孩都是独生子，出生于条件优越的家庭，成长过程也一帆风顺，极少遇到挫折，通过军训夏令营则可以锻炼男孩的吃苦精神。

"军训夏令营"的一些训练项目还能培养男孩的耐心和毅力。就拿站军姿来说，一小时之内必须保持同一个挺拔的姿势站立，不能动、不能休息，看起来很简单的动作却能让男孩体会到其中的艰难。

"军训夏令营"还能提高男孩的道德品质。由于不允许父母陪伴，参加军训夏令营的男孩都要自己打理生活，自己动手洗袜子、整理卫生等。这能让那些终日娇生惯养的"小皇帝"养成生活自理的习惯，改变以往"衣来伸手，饭来张口"的陋习。做到生活自理对娇生惯养的男孩来说是一种突破，同时对平常动手能力强的男孩也是一种锻炼，这对他们的成长是有益的事情。

参加"军训夏令营"还能锻炼男孩的团结合作精神。夏令营让很多孩子聚齐到一起，形成了一个小团队，让男孩们通过团队解决自己所遇到的难题，可以培养他们团结合作的能力。在解决问题的同时，还能锻炼他们与他人相处的能力，使男孩的交际能力得到提高。

"军训夏令营"能够帮助男孩提高独立生活的能力，面对挫折也能独自承受，同时还能训练他们对环境的适应能力。通过体验快乐的军训生活，能使男孩的日常行为陋习得到改善，增强纪律性和自制力，让男孩的身体和心理都更加健康。

成长有方法

1. "军训夏令营"的体验能让男孩学会挑战自我，能挖掘出男孩的潜在能力。

2. 在团队中生活中，需要学会相处、学会适应，能提高男孩的自我管理能力。

3. 男孩在参加"军训夏令营"时，一定要坚持，不能因为辛苦而放弃，坚持下去就是进步。

第四节　掌握钻木取火的技能

在遥远的蛮荒时代，人类不知道有火，一到晚上就四处漆黑一片。因为没有火，人们只能生吃食物。人们既无法靠火取暖，又不能用火加工食物，因此人类的寿命普遍很短。

天上的大神伏羲看到人类生活的艰难，决定将火赐给人类。于是他让雷雨在空中肆虐，雷电将树木劈倒之后便开始燃烧。雷电过去之后，火留了下来。一个年轻人带着恐惧的心理走到火边，却惊奇地发现这会发光的东西能让身体暖和。他赶紧招呼大伙一起过来享受温暖。没过一会儿，人们发现森林里被烧死的野兽散发出阵阵香味。聚集在火边的人们分吃着被火烧过的野兽肉，觉得前所未有的美味。

为了保留这珍贵的火种，他们拣来树枝，每天都派人轮流看守，防止火种熄灭。可尽管小心翼翼地保护火苗，它还是熄灭

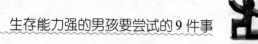

了，人们的生活又陷入了黑暗中。

伏羲看到了这些，想给人类一个提示，于是他来到那个发现火的年轻人的梦里，告诉他："你去遥远的西方，一个叫遂明国的地方，那里有火种。"年轻人醒来之后便去遂明国找火种了。

他翻山过海，经过艰苦的跋涉，终于到达了遂明国。可这却是个不分昼夜，到处一片漆黑的地方。就在年轻人感到失望的时候，突然一道光照亮了四周。年轻人四处寻找光源，抬头不经意间看到遂木树上有几只大鸟正在用坚硬的喙啄树干。它们啄一下，树上就冒出闪亮的火花。年轻人受到鸟儿的启发，捡来一些燧木的树枝耐心地钻起来，慢慢地，树枝开始冒烟，然后发出了火光。

年轻人将火种带回了家乡，并且向人们传授钻木取火的办法，从此人们就告别了黑暗和寒冷，再也不用吃生肉了。而且，这个年轻人用勇气和智慧征服了大家，于是他被推举为首领，大家称他为"燧人"，也就是"取火的人"。

"燧木取火"虽然是一个传说，可火的发现的确是原始人在钻木与打石的劳动中发现的，通过实验他们懂得了火是可以用于生活中的。这个重要的发现让远古时代的人们能吃到烧熟的食物，而且还改善了食物的口感。

现代社会早已不用钻木取火这个古老的方式取火，不过掌握一门野外生存的技巧对男孩来说却是有必要的。

男孩子爱冒险、爱猎奇的天性使他们总有旺盛的精力探索新鲜的事物，这种探索精神是值得表扬的。对未知事物的热情是想象力和创造力的来源，但是未知的也是充满危险的。比如去森林里冒险，或是去一些陌生的地方旅行，万一遭遇意外就完全要靠自己搭救自己了。

男孩子胆子大，可一旦在野外迷路光靠胆量是不行的，还需要技巧。如果随身没有适当的工具向外界求救，那么钻木取火这个原始的办法就要大显身手了，因为野外求救最好的办法就是燃放烟火，用三短三长的方式发送求救信号。

作为一名优秀的男孩，学习一些简单的求生技巧不但能挽救自己的生命，还能让自己变得自信，在以后的生活中遇到挫折能做到不气馁、不退缩，而是迎难而上，用智慧和能力解决问题。

男孩的想象力很丰富，可是不管未来在想象中是什么样子，自信都是成功的基础，也是取得成功最重要的动力。很多例子也都证明了这个道理。一位大发明家曾经说"自信是成功最重要的秘诀"。所有成功的人都是对自己相当有自信的，而这种自信又会促使他获得下一次成功。所以，越成功的人越自信。即便是原始的钻木取火的方法，若能在关键时刻发挥出作用，那也是成功的。

男孩想要在未来的生活中实现自己的理想，尤其需要有自信心，人的一生想要做出成绩，最重要的因素之一也是自信心。因为人的潜能是无限的，如果事情还没开始就对自己产生了怀疑，那结果肯定不会理想。

成长有方法

1. 钻木取火虽然简单，但也需要一定的操作技巧，学习的时候要认真。

2. 学会从日常生活中给自己增添信心，这样才能逐步建立起强大的自信。

3. 任何小事情都有存在的道理，要保持谦虚的学习态度，才能学到更多的知识。

第五节　学会游泳

春秋战国时期，战争连年不断，父子同为军人的事情屡见不鲜。这天，一位已经做了将军的父亲带着还是马前卒的儿子出征。战鼓雷鸣，号角响起，父亲交给儿子一个箭囊，里面只有一支箭，并且郑重地交代儿子："这是我们家的传家宝，有这支箭在身边，打起仗来力量无穷，定能取得胜利。可是有一点，千万不能抽出来看。"

那个箭囊做得极其精美，用结实的牛皮缝制而成，铜边泛着特殊的幽光，从露在箭囊外面的箭尾一眼可看出，是用上等的孔雀羽毛做成的。儿子看到这里不禁窃喜，想象着箭杆、箭头的模样，仿佛耳边有无数支箭正在"嗖嗖"地掠过，正在战场上所向披靡，杀敌无数。就这么想象着，配带宝箭的儿子的确没辜负父亲的愿望，把对方杀得落花流水、片甲不流。这时号角声又响起，即将收兵了。眼看着就要打胜仗的儿子被得意冲昏了头脑，将父亲的叮嘱抛到了脑后，好奇心驱使着他要拔出宝箭看个究竟。可拔出一看，他被看到的事实惊呆了。箭囊里装着的是一支断箭。

原来我一直拿着一支断箭打仗，那我怎么能战胜而归呢？想到这里儿子吓得直冒冷汗，意志忽然间全部瓦解。结果在乱战中惨死。身为将军的父亲拣起断箭，悲痛地说："没有意志的人，永远也打不了胜仗，做不成将军。"

战争的胜败当然不能由一支箭决定，是否能打赢战争完全在于自己，对一件事情有必胜的决心才有机会获得最后的成功。只有把自己磨炼成锋利无比的箭，能达到百步穿杨的地步才能取胜。

在没有战争的今天，男孩一样要学会磨炼自己，让自己成为一个全面发展的人才。锻炼自己的方式有很多种，其中运动是最重要的方式之一。适当的运动不但能锻炼身体，还能锻炼男孩的毅力。而所有运动项目中，游泳是最健康的方式之一。

游泳的过程中需要克服的是水的阻力，而陆地上的运动需要克服的则是重力。因此，游泳的时候男孩的肌肉和关节不会因为运动方法不正确而受伤。游泳不仅能提高男孩的毅力、体能，还能促进身体骨骼的生长和发育。游泳时，水的压力对胸廓会产生作用，从而使肺活量增加，呼吸到更多的氧气。所以，游泳对男孩的身体发育能起到促进作用。

一些爱吃洋快餐的男孩更要学习游泳。因为油炸食品高热量、高脂肪，缺少运动就会使脂肪堆积而发胖。另外，油炸食品的口味重，容易造成偏食、挑食，而男孩的身体需要的是多种营养元素，所以常吃油炸食品会对身体的发育产生不良影响。因为游泳需要消耗较多的热量，除了能将身体多余的热量消耗掉，还能促进食欲，让身体吸收到更全面的营养。

游泳是一种让全身的肌肉都参与的运动，长期坚持锻炼，能提高心肺功能，让肌肉的线条变得更流畅，起到增强体质的作用。

游泳有很多好处，但是男孩们注意了，一定要在下水前做好热身运动，不要猛然一下跳进水里，否则身体适应不过来，容易受伤或者发生其他意外。喜欢跳水的男孩还要在下水前先了解水深和水下的情况，同时还要注意跳水的姿势，不要先用腹部接触水面。另外还要保护好耳朵，因为压力的关系，会使鼓膜产生凹陷，有可能使听力受到损伤。游完泳还要记得用干净的水冲洗身体。

游泳虽然不算剧烈的体育运动，可它需要强大的耐力和毅力才能坚持下去。做事三分钟热度，或者习惯半途而废的男孩适合用游泳锻炼自己，让自己的性格变得更坚韧。在学习中，坚韧的性格才能帮助男孩克服难题，产生不懈追求的动力，不断地挑战自己才能取得更好的成绩。

成长有方法

1. 初学游泳的男孩不要对水产生恐惧心理，可以先在浅水区活动，体验在水中移动身体的乐趣。

2. 为了保证安全，游泳时需要有大人或者同学陪同，不能在禁止游泳的地方游泳。

3. 游泳是一门需要耐力的体育运动，注意不能饭后立即游泳，那样反而不利于身体健康。

第六节　尝试一次野营活动

非洲有一种黑驴，它们体格健壮，尤其喜欢在夏天的夜晚出来觅食。晴朗的夜空下，周围一片安静，在草原上吃草的黑驴感到特别安逸，鲜嫩的青草吃起来也特别爽口。

在黑驴享受这美妙又惬意的美食的时刻，有一种身形小巧的蝙蝠会悄悄地落在黑驴旁边，起初它们只是用细小的舌头轻轻地磨蹭黑驴的踝部。温柔的动作看起来就像是爱护自己的宝宝。

刚开始的时候，黑驴一点也不习惯因为磨蹭而产生的酥痒，它不断地驱赶着那些讨厌的蝙蝠，长长的尾巴来回抽打。可蝙蝠却没那么好打发，它们顽固地围绕在黑驴周围，这样过一段时间，黑驴慢慢地习惯了蝙蝠的骚扰。它不再驱赶了，而是任由蝙蝠在身边打转，似乎蝙蝠一点也不影响它，一如既往地品尝可口的青草。

其实，这是因为蝙蝠悄悄地在驴身上注入了麻醉液，驴已经感觉不到疼痛了。

275

不一会儿，黑驴的腿被蝙蝠咬开了一个小口，它开始享受黑驴新鲜的血液了。又过了一会儿，吸饱了新鲜驴血的蝙蝠悄悄飞走，接着，又飞来另一只饥饿的蝙蝠。

一只又一只，蝙蝠排着队轮流吸黑驴的血，可是被麻醉了的黑驴却毫无知觉地在吃草。终于，健硕的黑驴被蝙蝠们吸走了很多的血液，它体力不支地倒下了。

这种吸血蝙蝠不仅能杀死黑驴，对人类也存在威胁，人们将其称为"杀人蝠"。

体格健壮的黑驴在不知不觉中，被小小的蝙蝠吸走了大量的鲜血，的确让人吃惊。可是，仔细想想，有时候人也会犯黑驴的错误。温柔的假象通常会使人迷失方向，失去理智，殊不知，自己正在走向毁灭的道路。

温柔的环境最容易麻痹人的神经，使人体会不到危机感。就像现在，很多男孩都是独生子，平常听得最多的话是"好好学习就行了，其他的不要担心"之类的，学习是他们主要的任务。由于他们大部分时间都花在学习上，很少有机会锻炼其他方面的才能，很多男孩也变得娇生惯养起来，衣、食、住、行统统都由家长负责，连独自出行的机会都很少，更别提野外生存、野外探险了。

如果男孩从小生活在重重保护之中，那么心理承受能力就会变得很差，未来生活中遇到一点挫折就会将他们压垮。因此，应该适当地让男孩参加一些生存训练，或者让男孩独立完成一些事情，培养出独立生存的能力。

英国一份调查报告显示，越来越多的成人热衷于参加户外露营活动时，年轻的孩子对这项具有挑战性的活动却逐渐失去兴趣。一些青少年在被问及对露营活动的态度时，他们更多的是抱怨野外生活的不方便，不能为手机充电让他们很难接受。超过一半的孩子认为如果能在野外为自己的电子产品充电，他们会更喜欢野外露营活动。而25%的青少年表示露营时不能看到自己喜欢的电视节目，还有22%的受访者表示野外手机信号不好也会减少他们对野营的兴趣。五花八门的原因只有一个结果，过分依赖电子产品让越来越多的英国青少年对亲近大自然的活动失去了兴趣。

　　其实，生活中若能靠自己的力量进行自救，或是战胜困境，从而在恶劣的环境中生存下来，能锻炼男孩的意志力和生存能力。生活的首要因素就是生存，联合国教科文组织甚至提出了"学会生存"的教育口号。可见，在日常生活中，培养男孩的独立生活能力是多么重要。

　　因此，男孩都应该有一次野外露营的经验，体验一把离开家在户外过夜的感觉。在离开家长的呵护下看自己能不能独立解决生活中的问题，锻炼自己的生活能力。参加户外活动可以亲近大自然，让男孩感受大自然的奇迹，并在大自然提供的宁静中沉淀自己的感受，学习用宽广的视野欣赏事物，看到平凡的美丽。因为大自然中的每一棵花草都包含了奇迹，参加户外野营可以让男孩少一些自以为是，多一些谦虚，多一分宽容。

成长有方法

　　1. 户外野营要注意安全，不要独自出行，最好是三五个伙伴一起。

　　2. 野营要注意选址，不要选危险的地方，如河边、陡峭的地方和潮湿的草地。

　　3. 野营时遇到特殊情况不要惊慌，要沉着冷静地面对，要相信自己能做到最好。

第七节　每周上一节急救知识课

漫无边际的荒原中，一头健壮的骆驼正焦急地赶路，想快点走到前面的绿洲休息一番。它光顾着赶路却忽略了脚下，一块坚硬的石头划破了骆驼的脚，一丝丝鲜血顺着脚往下淌。心急的骆驼看了一眼伤口，"哦，只是一道小口子，不会影响身体的"，骆驼心想。

非洲的荒原上不仅有各种飞禽猛兽，还有很多凶狠的蚂蚁，比如善于筑巢的红蚂蚁、黑蚂蚁。由于食物匮乏，它们饥肠辘辘地寻找食物。当受伤的骆驼走进这片荒原时，鼻子灵敏的鬣狗嗅到了细微的血腥味，于是它扑向了骆驼，天上的秃鹫也被血腥味吸引，它飞下来啄食骆驼的身体。不一会儿，骆驼就被这些猛兽咬得遍体鳞伤。

愤怒的骆驼胡乱逃窜，想甩掉啃食自己身体的鬣狗和秃鹫，可不幸的是它撞上了蚂蚁筑得老高的蚁巢。本想逃命的骆驼变得更惨，成千上万只蚂蚁爬到了骆驼身上，它们对送上门的食物一点也不客气，大口啃食骆驼肉。

骆驼痛得在地上乱滚。附近的蚂蚁也被血腥味吸引，成群结队地赶来，蚂蚁虽然身体小，可是数量多，每只蚂蚁都咬掉一口骆驼的皮肉。可怜的骆驼能摆脱鬣狗和秃鹫，却无论如何也摆脱不了庞大的蚁群。

不一会儿，骆驼便没有力气挣扎了，任由蚂蚁撕咬身体。两天后，非洲荒野里出现了一具完整的骆驼骸骨。

骆驼没有料到，一道小小的伤口，竟害自己丢掉了性命。

现实生活中也时常发生类似的情景。俗话说："大风大浪里没出事，却在小河里翻了船。"许多时候，强劲的对手没让我们失败，反而那些不起眼的小事却会让我们跌个大跟头。

2012 年 11 月，上海东华大学松江校区，该校一个大三男生参加学校运动会，在跑完 1 000 米后却突然晕厥在地。虽然他很快被送到医院进行抢救，却仍然不治身亡。

男孩一般都爱运动，可在运动的过程中发生意外却是谁也预料不到的。惨痛的教训提醒男孩，锻炼身体的同时，也要学习一些急救知识，在遇到意外时也许能挽救一条生命。如果这名男孩在晕倒的第一时间能接受紧急救助，也许事情就能发生转机。

急救知识是一门很有必要掌握的知识，虽然平常不太用得到，可一旦需要的时候就能发挥重要的作用。男孩在运动的过程中发生意外的频率较高，当然，致命的意外并不是常常发生，但一些小伤痛却很常见，比如扭伤胳膊、脱臼、骨折等。这些意外如果不能及时得到正确的处理，很容易对身体造成不可挽回的影响。因此，男孩在学习之余必须掌握一些简单的急救知识。

英国一家急救中心曾经做过一则伤感的公益广告。一名男子在体检时被查出患有癌症。经过漫长的治疗后终于化险为夷，摆脱了病魔的困扰。为了庆祝这个喜讯，家人为他举办了一次聚会。不幸的是，这名刚摆脱病魔的男子却被汉堡噎住，而现场没有任何人懂得急救知识，于是他就这么告别了人世。

由此看来，除了运动的时候会发生意外，用餐的时候也常常发生意料之外的危险。一旦发生被食物噎住时，男孩千万不能硬撑，觉得一点小事没有大碍，尤其是鱼刺卡在喉咙时，不能用缺乏科学依据的方法解决问题，比如大口吞馒头、喝醋或者吞别的食物把鱼刺吞下去。这几种方法是很危险的，鱼刺是尖锐的东西，如果被硬吞进肚里会划伤食道或者喉咙，造成更严重的伤害。正确的急救办法是立即请医生挑出来。

另外，如果男孩在运动过程中跌倒造成擦伤或割伤，正确的急救方法是立即用冷肥皂水洗净伤口，保证伤口没有杂物残留，再用干净的毛巾轻轻擦拭伤口，然后去医院看医生。如果不幸伤口很深，出血较多，男孩首先不要害怕，冷静地面对伤势。正确的方法是直接用手压迫伤口周围，再用冰块敷在伤口附近，起到减少血液流失的作用，然后再去就医。

成长有方法

1. 急救知识在生活中大有用处，除了学校组织学习之外，平常也应该主动学习。

2. 急救知识在使用时要注意操作步骤和方法，如果还没学会最好不要随意使用。

3. 在平常运动中，男孩也要注意保护自己，尽量让自己少受伤。

第八节　在大自然中学习辨别方向

卷柏是南美洲独有的奇特植物，这种不起眼的植物看起来没有任何特殊的地方，可它却有一种特殊的技能——它会走。植物又没有长脚为什么会走呢？答案是为了更好地生存。

卷柏的生长需要大量的水分，当它生长的地方缺少水分时，它会自己把根从土壤里拔出来，然后卷成一团，像个小圆球。因为本身很轻，一旦有风吹过，它就会随风移动，直到风把它带到一个水分充足的地方，缩成一团的卷柏就能迅速舒展身体，重新扎根于土壤中。

可以说它是一个旅人，因为它从不在一个地方久留，一旦缺水，它就会重复像上一次的旅行，为自己找到另一片水分充足的土地。

不得不说卷柏是一种聪明的植物，它懂得为自己找到合适的地方生存。当水分减少威胁到生存时，它便挪动位置，让风把它带到水分充足的地方。植物能自己寻找方向，那么对人类来说，辨别方向简直易如反掌。

当然，一般情况下要分辨正确的方向并没有太大难度，可在一些特殊情况下，辨别方向就不是那么容易的事了，需要开动脑筋，用心、用智慧寻找方向。

外出野营或者徒步旅行对男孩来说是十分必要的，既能锻炼身体又能掌握一些生存技巧。可万一野营的时候迷失方向，或者指南针被丢失、损坏就比较麻烦了，因为在野外迷路是很危险的事情，若随身带的食物和饮用水又比较少，就有危及生命的可能。所以，为了以防万一，男孩在外出野营前，有必要掌握一些利用自然现象识别方向的技巧。

在野外游玩的时候，无论白天还是夜晚，都要记得自己前进的方向。白天可以根据太阳辨别方向。太阳东升西落，只要有太阳就能分辨出东西方向，如果没有太阳，就抬头看看天空，最亮的地方就是太阳的方向了。

晚上则可以利用北极星辨别方向。要找到北极星，就要先找到北斗七星。因为它们位于北极星两边，绕北极星旋转。而北斗七星男孩都比较熟悉，比较好找。它的形状像一把勺子，将勺头处的两颗星星连成一条直线，向勺口方向延长，就能看到一颗亮星，它就是北极星，也就是说，它代表的方向是北方。

除了看天能识别方向，风也能告诉我们方向。

树木的迎风面更容易腐败，因而颜色会比被风面更黑；如果临近悬崖，还能发现迎风面的石头表面比较光滑。不过有一点需要注意，利用风向识别方向时必须熟知当地盛行的风向，否则容易判断失误。

281

在野外迷路时，要正确辨别方向，更需要保持镇静。迷路的时候心情很着急、恐慌，此时一定要记得，首先要做到保持冷静，不要乱了阵脚，保证思维和行动不慌张。用自己所掌握的知识，对周围的环境进行仔细的观察，做到理智地辨别方向才能让自己走出困境。

成长有方法

1. 在野外利用自然景观辨识方向有很多不确定因素，因此最好在外出时携带指南针。

2. 野外生存需要掌握全面的知识，在平常学习中要全面发展，学好每一门课程。

3. 良好的心理素质是男孩必备的品质之一，遇到难题就失去信心只会被困难压倒，因此你要学会勇敢面对。

第九节　学几招逃生技巧

2001年9月11日，在美国纽约，从早晨的阳光来看，这天跟以往没有任何区别，上班的人像往常一样忙碌，上学的人也照常上学。可这种平静和谐很快就被破坏了，随之而来的是一起恐怖事件——911事件。

灾难发生的时候，纽约世贸大楼里一片混乱，大家都想逃命，都想逃离这个恐怖的地方。1名叫乔伊的男子跟另外3名同事当时在世贸大厦89层的办公室里商量工作。他看到大楼开始摇晃，接着像地震似的开始摇摆，他立刻意识到发生了紧急情况。乔伊迅速关上办公室门，并带领同事向窗户的方向移动。

大楼开始着火，烟雾顺着门缝侵入办公室，收音机里传来"世贸大楼遭到袭击"的实况转播。此时大厦的物业管理人员在

广播里喊"大家尽快找安全的地方避难"。

乔伊和他的同事听到广播后从办公室向避难楼梯移动。楼梯很窄，只能容一个人行走，但大家没有拥挤也没有争抢，而是有秩序地通过，同时尽量留出一些空间让消防队员们通过。当他们走到第 16 层，烟雾开始变浓，并且还停电了。很多人慌张地往上爬，这样一来狭窄的楼梯就变得拥堵。

这时，传来消防队员的指挥"请不要拥挤，尽量走别的避难楼梯"。于是，乔伊和他的同事穿过因为停电而漆黑一片的楼道来到另一边的避难楼梯。终于他们安全到达了一楼。这时，摇摇欲坠的世贸大楼落下了大片的玻璃和水泥。乔伊赶紧跑向安全的地方，成功地保住了自己的生命。

乔伊能成为幸运的人并不是因为受到命运之神的青睐，而是他所在的公司曾经组织员工进行过逃生训练，所以他才能在这次灾难中安全逃生。

灾难总是在预料之外发生，往往在平静的时候突然出现。由于这种不确定性，男孩有必要学习一些逃生技巧，因为生命只有一次，当灾难来临时一些简单的逃生知识能让我们幸免于难。

在遇到建筑物失火时，首先要记得报警，火警电话"119"要牢记于心。如果发生火灾的楼层在自己上方，应该迅速往楼下跑，因为火不会先往低处蔓延。很多人在发生火灾时会冲动地跳楼求生，这是万万不可的，盲目跳楼会增加死亡系数。而正确地利用紧急通道、阳台等地方逃生能减少危险性，增加逃生的可能。

发生火灾时男孩应立即寻找安全的地方逃生，同时还要保持理智。遇到危险情况，男孩的情绪总会变得慌乱，这时很容易做出错误的判断和行为。在危急时理智显得尤为重要，因为只有正确的方法和行为才能让自己得救，而理智是采取正确措施的前提。

2008 年一场大地震袭击了中国四川，许多生命之花在这场地震中消逝。那么，地震时男孩又该如何应对呢？

首先，要保护人体最重要的部位——头部。一些坚固的家具，比如桌子下方是相对安全的。其次，在遇到地震时男孩还要行动果断、不犹豫。避震时的逃生是千钧一发的时候，这时候男孩不能瞻前顾后，犹犹豫豫。因为情况可能在一瞬间就有所变化，那样可能会错失最好的逃生时机。

在危急时刻，不但考验了男孩对求生知识的掌握，还锻炼了男孩的勇气和胆识。而这两种品质是成为优秀男孩的必备条件之一。

每个人都需要勇气。在学习中，勇气能使男孩在面对困难时越挫越勇；在生活中，勇气能使男孩敢于冒险、创新，在未来的生活中有机会做出一番成就。

每个男孩都有自己的人生目标和理想，无论这些理想是伟大的还是平凡的，男孩们在朝理想奋斗的时候都会遇到很多挫折和失败，这时候最重要的是要有勇气。有勇气的男孩才能正视挫折，正确看待失败，做到不恢心、不气馁，从失败当中吸取教训，为将来的成功积累经验。

成长有方法

1. 逃生技巧有很多种，不同情况要采取不同的措施，要做到灵活应用。

2. 参加逃生演习时，男孩要认真学习，以便真正面临危险时能发挥出作用。

3. 面对危险，最重要的是保持冷静，有勇有谋，能当机立断地做出决定。